RÊVER

致 让-皮埃尔

我们在童年时代过得最充实的日子,莫过于那些以为还没有度过、就已经溜走的时光,那是我们同一本喜爱的书一起度过的日子。

——马塞尔·普鲁斯特,《阅读的日子》

统筹编辑　杨芳州
责任编辑　梁　霄
装帧设计　艾　莉
美术编辑　郭朝慧
图片编辑　黎　亮
助理编辑　王义春
审校编辑　杨　乐
　　　　　王历炫
责任印制　包伸明
特约审校　黄　可
　　　　　杨全强
封面插画　卢　珊

读库·哲学系　**梦**　［法］芭芭拉·德·内格罗尼 著
张矗墨 译

新星出版社　NEW STAR PRESS

- 引言 · 1

生活之梦
- 认为在做梦 · 6
- 如梦般生活 · 15

沉睡之梦
- 梦的预言 · 26
- 释梦 · 35
- 噩梦 · 43
- 极权主义下的梦 · 52

清醒之梦
- 幻觉 · 62
- 白日梦 · 72
- 自导自演 · 83

世界之梦
- 梦想另一个世界 · 94
- 疯言疯语 · 102

欲望之梦
- 梦想拥有一件物品 · 112
- "西班牙的城堡" · 121

- 参考资料 · 131

引言

夜里做梦，不受我们掌控的画面鱼贯而出。这些画面通常以古怪的形式连接，一旦醒来，我们几乎不再记起。我们也可以发白日梦，随着思绪，顺着联想，忘了当时自己正在做的事情。就像诗人亨利·米肖[注1]所写，梦既是"沉睡模式"，又是"清醒模式"。**"模式"**（façons），即存在和行为的方式。即便有时我们认为做梦有些被动，即便感觉夜间所目睹的图像并非自己的创作，即便它让人白天有些心不在焉，"做梦"本身却是一个动词，指向了一种活动。我们希望多做美梦，却也知道自己难以阻绝噩梦。我们任由梦牵引，无法理解从一个想法跳跃到另一个经历了怎样奇异的轨迹。

在梦境中，我们既是主动的，又是被动的。主动，因为梦形成于我们自身，无论从哪种层面而言，我们必然是它的成因；被动，因为我们无法操控梦的进展。正

【注1】Henri Michaux (1899–1984)，法国诗人、画家。其作品接近超现实主义，由诗歌、对想象世界的描述、对梦境的讲述等组成。
——若无特别标明，本书注释均为编者注。

如米肖所写，我们身上有着"午夜人"般奇特的经历，他是我们自身的"反面"。与我们白天所变为的个体不同，午夜人记得我们已经全然忘记的事情，他"用明显不同的模式和做派运转、生活和感受"；而"白日人"奇异的经历则是由于人被自身的胡思乱想扰乱，使得我们沉浸于一种漫不经心又无精打采的状态，停止了对思绪的控制。

夜梦（rêves nocturnes）似是古怪而又支离破碎，我们常常因它感到恐惧。人们有时相信夜梦是一种前兆，揭示了未来。梦境向我们告知了真相，抑或仅仅是谎言而已？如果梦境是荒谬而又微不足道的，为何会令我们不安？又是为何，在刚刚经历了一场噩梦之后，我们会害怕再次入眠？而在**日梦**（rêves éveillés）中，我们东拉西扯、胡言乱语，让一些奇异的图像彼此关联。梦本身是思维的缺失，还是展现潜意识的一种形式？任由梦所干扰，是否会让我们丢失自己的心智，或者相反，使我们获取重大发现呢？

梦境融合了外在和内在两种现实,即我们感知到的和想象中的,即围绕我们的真实世界和记忆及幻想中的世界。然而,我们是创造了这些全然一新的图像,还是仅仅组合变换了源自现实的元素?虚构图像、搭建虚拟,难道不也是在制造一种现实吗?

我们往往想象在遥远的岛屿上、在其他星系中,或者在与自己的城市格外相似的城市里,存在着**梦幻之国**。这些虚拟国度可以用于描述乌托邦,即能够实现个体幸福的理想社会;或用于形容"恶托邦",即让国民生存于永久恐惧中的邪恶社会。无论是美好的世界还是可怕的梦魇,它们与我们生存的世界又有何关联?我们向往的理想社会是纯粹虚构的,还是说,它能够**树立**(définir)一种真正的政治纲领?而恶托邦的恐怖世界仅是用于震慑我们,还是说,它揭露了现实社会的某些方面?这些想象中的世界将如何传达我们的担忧和希冀?

最强烈的**欲望**常以梦的形式存在。我们梦想一件意欲拥有的物品,我们梦想空中楼阁,却又深知这些梦永不会实现。当我们产生欲念时，就赋予了自己内心一种压力、一种能量。这种能量能否帮助我们生存、推动我们去改变一些事物？又或者未被满足的欲念只会招致连续不断的逃避？做梦是荒谬的吗？还是说，梦是获得满足感的一条途径？

拨开乌云并非易事：我们指责那些迷糊、粗心、涣散、低效的人，批评那些好高骛远、不切实际、满腹空想的人。我们打断那些热切地向我们描述蓝图、表达意愿的人："不要做梦了！"或者"做梦吧你！"但是，当看到一些美丽的画面、读到一些美好的故事时，我们仍然会感叹"这是梦吧！"，以此表达鼓舞人心的幸福感。通过制造令人迷惑的假象，梦是否妨碍了我们的生活？或者说，梦使我们感受到本质的情感，改变并丰富了我们的生活？一个梦境不复存在的世界会使人类变得更加幸福，还是将成为一个泯灭人性的世界？

生活之梦

· 认为在做梦 · 如梦般生活 ·

我如此明显地觉察到不存在任何令人信服的迹象，亦无相当可靠的标识，使人能够从这上面清清楚楚地分辨出清醒和睡梦来。这不禁使我大吃一惊，吃惊到几乎能够让我相信我现在是在睡觉的程度。[注1]

——勒内·笛卡尔[注2]，《第一哲学沉思集》

认为在做梦

马蒂尔德和父母住在巴黎郊区，与她将要注册入学的建筑学校有些距离。她想租一处可供明年居住的房间。两个月以来，她都在焦虑地浏览告示、参观房间、填写材料，又未被选中的循环中度过……今天，她终于得到了一个肯定的答复，但必须在隔天早晨去代理处签订租赁合同。她起身躺下，放松地、沉沉地睡去，然后

【注1】此处译文系引自商务印书馆 1986 年版《第一哲学沉思集》，庞景仁译，第 16 页，有删改。
【注2】René Descartes（1596–1650），法国哲学家、数学家和物理学家。其作品有《谈方法》《第一哲学沉思集》《哲学原理》等。

梦到代理处负责人致电，通知说她的材料未被受理，因为这个房间已经被许诺给他人。

闹钟响起，马蒂尔德搓揉着双眼起身，一边不安地想着梦境中的情形，一边开始早餐：它与现实如此相似，使她不禁思考到底发生了什么。昨晚，这位代理处的女士是在她的梦中出现，还是真的打过电话给她？她能够准确地回忆起两人间的谈话：这是关于一个真实事件的记忆，还是关于一场梦境的记忆？夜晚和梦中的画面相互混杂。为求安心，她决定确认自己的预约，带着隐约的不安拨打了代理处的号码。

正因梦境如此逼真，印证了马蒂尔德的不安，她才更加感到忧虑：前一天晚上，已经找到房间的事实对她来说，几乎是太过于美好而显得不真实！当她以为已经找到房间的时候，难道不是在做梦吗？在这一刻，当她以为正在吃着早餐的时候，难道不是在做梦吗？也可能她仍在沉睡，这是一个更为复杂的梦境。如何区分梦境与现实？如何确认何为真、何为假？

胡利奥·科塔萨尔[注1]的小说《夜，仰面朝天》讲述了一个遭遇摩托车车祸的男人的故事。他被撞折胳膊，晕了过去。在药店，他恢复了意识，被救护车送去医院，

[注1] Julio Cortázar（1914-1984），阿根廷作家、短篇小说巨匠。其作品有《游戏的终结》《万火归一》等。

并接受了麻醉以便实施手术。在麻醉造成的深度睡眠里，他发现自己置身于一片沼泽中，被一群捕猎活人的阿兹特克人追赶。万难之下，他沿着一条笔直的、被流沙包围的小路逃去，以便藏匿于丛林深处。一个声音建议他不要乱动，否则会有摔倒和受伤的风险。随后，他又意识到自己躺在病房中，幸福地喝着一碗香气四溢的清汤。夜晚来临，他靠在枕头上。追捕他的人又靠近了，他开始嚎叫。旁边的人大声告诉他不要担心，麻醉通常会引发噩梦。他被绳子捆绑着，关在一间单人囚室，其他囚犯的喊叫声历历在耳。他因恐惧而颤抖着。发热令他口渴难耐，他从床头柜上拿起了一杯水。阿兹特克族的大祭司手握石刀，靠近他，准备置他于死地。他闻到了血气，明白一切都结束了："他再次闭上双眼，但他现在已经知道他不会醒过来了，他知道他就是醒着的，他知道那另一个世界才是个奇妙的梦。那就像所有的梦境一样荒唐，那梦里，他走过了一座奇特城市中的古怪道路，那里有红灯，有绿灯，没有火焰或烟尘也照样燃着；那里有一只巨大的金属怪虫，在他胯下嗡嗡作响。在那个梦里的无边荒唐中，他也被人从地上抬起来，也有人手拿着一把刀靠近他身边。而他，仰面朝天，他双目紧闭，在篝火之间，仰面朝天。"[注1]

【注1】此处译文系引自人民文学出版社 2012 年版胡利奥·科塔萨尔小说集《游戏的终结》，莫娅妮译，第 169 页。

这个没有结局的故事让读者怀揣期待。活人祭祀是一场噩梦吗？主角还会再一次从医院里醒来吗？又或者，他的确正面临着死亡？我们本能地将阿兹特克的故事同梦境联系在一起，通过惯性偏见就能简单解释。摩托车事故对于我们来说是惯常的、每日可见的事实，医院环境对我们来讲是熟悉的。相反，阿兹特克的活人祭祀在时间和空间上于我们而言都遥不可及。用阿兹特克的语言描述摩托车、红灯、外科医生——即一个巨大的金属怪虫，没有火焰或烟尘的火苗，一个拿刀逼近的男人——科塔萨尔把最普通的事物转化为带有异域情调的表述。

科塔萨尔的这则短篇小说制造了一种怪异的、令人不安的效果，它给读者抛下谜团，却没有给出答案。它完全能够被视为一个包含着未来主义梦境的阿兹特克人的故事，也能够被看作是一个经历了骇人听闻的噩梦的现代人的故事。在医院或者森林发生的每一幕中，没有任何线索能够使人清楚明白，到底主人公是在睡梦中还是清醒中。在小说开始前的引述里，作者描写了土著人的"荣光之战"[注1]，又在小说的最后几行间，使阿兹特克的土著世界变得真实起来。然而，故事真正的开头

【注1】中美洲的土著部落通常在发生大旱的季节达成协议，同意互相攻战，俘虏对方的战士献祭，求得神明庇佑。

又是从一个现代讲述者的视角出发,把阿兹特克描写成可怕梦境中的画面。为选取一种解释,并判断梦境和现实,读者需要先忘记部分段落,若考虑到故事的全貌,则会在两个视角间游移不定。医院的故事和战争的故事间歇交替,又以融合的方式连贯,没有任何可供判断哪个故事更为可信的标准出现。

帕斯卡尔写道:"如果一个匠人每晚准有十二小时梦见自己是国王……那他大概就像一个每晚十二小时都梦见自己是匠人的国王一样幸福。"他又说:"如果我们每夜都梦见被敌人追赶,并被这种痛苦的幻景扰到心神不宁,又如果我们每天都在纷繁的事务中度过,像旅行时那样,那么我们所受的苦就和现实中大致是一样的,并且我们就会害怕睡觉,正如当真遇到这类不幸时,我们就要担心睡醒是一样的。"帕斯卡尔最后总结道:"人生就是一场梦,稍不那么无常而已。"

梦境和真实这无法分辨的一面引发了读者的迷惘,并导致他们不停地怀疑真实显而易见的特性。这正是怀疑主义哲学家所称的**悬搁判断**(suspension de l'assentiment):因为没有方法判别何为梦境,何为真实,则我们必须接受不去判断事物的真实性。梦境的真实和现实的真实是矛盾的,我们没有任何缘由认为一个比另一个更加真实。为何认为梦中所见,比起我们醒时所见的更不真实呢？塞克斯都·恩披里柯[注1]写道："睡着的时候，我们可能会看到那些醒时不存在的事物，但它们又并非永久不存在，因为它们在梦中存在，正如我们醒时看到存在的事物，即便在梦中不存在，它们仍是存在的那样。"

悬搁判断并非易事：本能的，我们不会怀疑自己所**感知**到的事物。可能有些情况下，人们会质疑一个自己难以辨别的遥远的事物，但我们永远不会对众多的感知产生怀疑，特别是对我们自己身体的感知。笛卡尔在《第一哲学沉思集》中写道："我怎么能否认这两只手和这个身体是属于我的呢？"但是，他又写道："有多少次我夜里梦见我在这个地方，衣冠整齐，在炉火旁边，虽然我是一丝不挂地躺在我的被窝里！"即便身体的经验也可能变得不可靠：对于他而言，好似"[他]不是用睡着的眼睛看这张纸，[他]摇晃着的这个脑袋也并没有发昏"，但是笛卡尔对此并不能确信，因为在睡梦中他常常被这些类似的幻觉欺骗。笛卡尔总结出自己的分析："我如此明显地觉察到不存在任何令人信服的迹象，亦无相当可靠的标识，使人能够从这上面清清楚楚地分辨出清醒和睡梦来。这不禁使我大吃一惊，吃惊到几乎能够让我相信我现在是在睡觉的程度。"由于不能

[注1] Sextus Empiricus（160-210），罗马帝国时期希腊哲学家、医生、怀疑论者。

分辨梦境和现实，笛卡尔继续沉思着，觉得自己仍在睡梦中——"那就让我们假定我们是睡着了"，这正是笛卡尔在《第一哲学沉思集》中说到的。如果我们正在入睡，又因何种认知而变得确信呢？

笛卡尔的文章描述了一项每个人都能做到的智力训练：看着电脑键盘和屏幕，我能够思考它们是真实的存在，还是想象力的构建；我能够思考我是正坐在一把椅子上，面对着书桌，手指敲击着键盘，还是正躺在温热的羽绒被中，手臂环住枕头，只是梦到自己在写作而已。我的读者也能获取同样的感受：到底是正在读《梦》这本书，还是已经在阅读的过程中入睡且睡得深沉呢？当做梦时，我们没有意识到是在做梦，而总认为自己是醒着的。那当我们自认为是醒着的时候，为何不会是正在睡梦中呢？

将这两个问题视作对称的，就等于忽略了我们经验中的某些特征。笛卡尔所提出的问题源于众多理论化的考量：我们有时会在梦中思索自己是睡着了还是醒着，而醒来时却从不会提出这个问题。我认同笛卡尔的想法非常可取，我也能够自我沉思，并且猜想自己是睡着的。但毕竟，我非常清楚自己现在是醒着的状态。笛卡尔只是"几乎能够"自我说服他在入睡：他没有理论上的标准来判别清醒和睡眠，既不能够证明自己是醒着的，亦同样不能就此说服自己是睡着的。从经验来判断，我们永远不可能混淆现实和梦境。帕斯卡尔写道："我们知道自己并非在做梦；针对怀疑论，我们怀有对不可辩驳的现实的一种理念。"皮浪[注1]怀疑主义者的论据无法撼动我们对此时此刻醒着的确信。据帕斯卡尔所述，存在一种自我验证、自我感知的现实，对此我们有着敏锐而高明的智慧。我们的确信并不必然建立于一种论证：认知所凭借的首要原则和根本真理逃避了理性的判读。这些原则和真理从属于**当下的感觉**（sentiment immédiat），而非一个**论证的结果**（conclusion démonstrative）。我们无法证实自己没在做梦，但却对此非常确信，即使我们有时会自娱般地对此产生怀疑，并扮作认为自己正在做梦的样子。

如果我们对此时此刻的清醒是确信的，反而会更加容易混淆对梦境的回忆和对真实事件的回忆。回忆是淡化了的图像，它没有感知的存在和证据。在回忆中，对于想象和真实的区分可能是混乱而模糊的。我们有时会回想自己是否真的完成了一项活动：不确信自己是已经做过某件事，还是仅仅想过做了这件事；核实是否关掉了煤气、拿了钥匙、锁好了门。同样的，我们无法知晓是否经历了某件事，还是仅仅梦到过这件事。梦中的画

【注1】Pyrrho（约前360–约前270），古希腊怀疑派哲学家，被认为是怀疑论鼻祖。皮浪怀疑主义即以其命名。

面有时在白天仍然萦绕不休。马蒂尔德拿起电话时真实地感受到了焦虑,只有在预约得到确认后她才会放松下来。当我们醒来、当一个糟糕的回忆重新浮现时,我们才可能认为那是一场必将消散的噩梦。

什么是生命？一场狂热。什么是生命？一种幻想，一个阴影，一层假象；最大成功也无用，因整个人生乃是黄粱梦，梦也是梦。

——卡尔德隆[注1]，《人生如梦》

如梦般生活

让-弗朗索瓦、本杰明与同学参观一场虚空派绘画展览。这些静物画代表着逝去的时光。他们欣赏着十七世纪荷兰画家皮耶特·思提维克的《羽毛帽静物》。画作中所有元素表现了生命的断续：一颗骷髅头讽刺般地戴着一顶羽毛帽，一盏熄灭的蜡烛，一支烟斗和一些烟草，一本摊开的、我们能够读到标题的书——康斯坦丁·惠更斯[注2]的讽刺诗集，嘲讽了人类昂贵的

【注1】Pedro Calderón de la Barca（1600–1681），西班牙"黄金世纪"最重要的剧作家。
【注2】Constantijn Huygens（1596–1687），荷兰黄金时代的诗人和作曲家。

挥霍和时髦的心血来潮，还有一个本应盛满红酒的皮质小酒瓶摆放在远景中。这幅画令弗朗索瓦想到人类事务的转瞬性：万事都将逝去，没有任何是持久的，生命如同烟斗中的烟雾或是蜡烛的火光一般消散，宛如梦境转瞬即逝，甚至比起梦境更为不真实。

帽子由上好的蓝色天鹅绒制成，羽毛轻盈，书皮经过精心鞣制，我们仿佛还可以听到烟草叶子燃烧时咝咝作响的声音：这件完美的艺术作品所表达出的虚空感，给予观者一种颇具吸引力的愉悦。羽毛帽子让人几乎忘记了头颅的存在。本杰明还想拔出那个皮质酒瓶的瓶塞，品尝里面的藏物，甚至想与弗朗索瓦去喝一杯，向他展示生命的浓稠与真实。描画稍纵即逝等于认同"人生如梦"，还是说能够让人们从昙花一现中找寻到一种美呢？

为了将生命与梦境相比较，让-弗朗索瓦又盯上一幅画作，其主题在多个宗教文献，尤其是《旧约》中出现：恶人的好运、凯旋与成功被描述为欺骗性的梦，作恶之人终将徒劳无获地醒来。地上的所有生命，无关善恶，仿佛都是等同的，像一场不真实牢靠的梦。根据《传道书》所述，人生本虚空（vanité）：它很短暂，不牢靠，被投入无关紧要的事务中。自然现象或是人类行为在地上无限期地重复着，没有进步亦没有完结："日头出来，日头落下，急归所出之地……江河都往海里流，海却不满。"认知是无用的："万事令人厌烦，人不能说尽……已有的事后必再有，已行的事后必再行，日光之下并无新事。"[注1]那些声称能够洞察的人是失去理智的，他们的话语也如梦一般空洞。

人类事务稍纵即逝的属性亦能够被除了梦之外的其他意象所表现：诗人把时间的流逝比作流淌的河水，把衰老比作枯萎凋零的玫瑰，把人类不牢靠的创作成果比作坍塌的纸牌塔。梦的意象不仅仅是昙花一现的变奏曲，它依托于一条通过类比得出的推论：梦相较于世俗生命就如同世俗生命相较于另一重生命。当我们从梦中醒来，梦境对于我们来说，仿佛是不真实并带有迷惑性的；在白日的光芒下，它的虚无如此醒目。那么，什么是清醒的类比对象呢？什么使我们的世俗生命显现得如此不真实和不可靠？据《传道书》所述，真实的生命、真正的现实存在于上帝眼中的永恒，超越了时间范畴。

因而，我们必须通过死亡才能进入真正的生命。在帕斯卡尔看来，这是生而为人的悲惨境遇："生命中，我们自认为清醒的大半时间，其本身不过是梦境罢了，……我们死时才能从中醒来。在这场梦境里，我们几乎没有对真善的准则，就如同我们在自然睡眠时也几乎没有一样。"思想是幻想，如梦境中虚无的

【注1】此处内容引自《传道书》第一章第五至九节。

想象一般，我们通过理性无法认知何为真实，何为善良。我们不断寻求娱乐和消遣活动——捕猎一只野兔、投入一场战争、组织一场大型海洋探险——只是为了忘却自身脆弱的、必将逝去的境况。我们不愿考虑生命稍纵即逝的特性，但这却是我们唯一需要思考的事物："在这重生命中，除了希冀着另一重生命而外就再没有任何别的美好。"我们就像戴着镣铐、被判了死刑的囚徒，玩着牌局，只为遗忘行刑的逼近。然而，我们又都清楚："无论全剧的其余部分多么美好，最后一幕却是流血的；我们最后把灰土撒到头上，于是它就只好永远如此了。"真实是神圣的，远非政治和科学中的自命不凡：我们需要打压自己无能的判断力，去听从上帝。基督在苦架上的牺牲和他随后的复活向我们昭示，唯一值得的就是对来生的期许。我们唯一的伟大，就是认识到了自己的软弱无能，自己作为造物的地位。生命本是场梦，而我们只能够在苏醒的一刻，即死亡之时，实现自己的存在。

死亡能够扮演这个角色，是因为**类比法**（analogie）已经建立了一种逻辑。但类比不是一种证明，它同样可能带有欺骗性。在《自然宗教对话录》中，大卫·休谟[注1]批判了"宇宙设计论"，即一个通过类比推论得出上帝

【注1】David Hume（1711–1776），苏格兰不可知论哲学家、经济学家和历史学家。

存在的证明。看到一栋供人居住的建筑时，我们认为它必定是一位建筑师的创作：房屋的元素不是偶然和无意的结合，它的建造包含着一种智慧。我们能够由此得出结论，宇宙必然是由全知的上帝进行统筹的吗？在休谟看来，一间住宅和宇宙之间有着太多的不同，以至于类推不当：我们无法获知宇宙是否为一个整体的统筹。同样，我们也许要问问自己，生命转瞬即逝的属性是否能够让我们得出人生只是一场梦，而我们终究会从中醒来的结论。世俗的生命本身难道只是一种表象吗？基于何种实在，我们能够对它做出如此判断呢？

卡尔德隆在《人生如梦》中探讨了这一问题。这部作品讲述了波兰国王、伟大的数学家和星相学家巴西里奥的故事。他在儿子塞西斯蒙多出生前观察到众多不祥的征兆，心感不安，于是为其占卜。巴西里奥发现儿子将会变成一名暴徒、一位执拗的王子，最终成为凶残的独裁者。他散播儿子一出生便夭折的消息，然后将他关押在一座山林塔楼里。塞西斯蒙多唯一的陪伴克罗塔尔多负责教授他科学知识，指引他信靠天主教。二十多年后，巴西里奥为验证儿子的性格做了一个实验：塞西斯蒙多在沉睡中被运进王宫，从宝座上醒来，突然拥有了做一天国王的权利。巴西里奥决定，如果儿子表现得好，就将其重新认作继承人，但如果表现得不好，就把他再次关入塔中，以为自己只是在梦中做了一天的国王。早上,塞西斯蒙多从宝座上醒来,表现出暴力和不公的行为。第二天,他发现自己又身处塔楼之中。塞西斯蒙多由此得出结论,生命是一个幻觉,一种虚妄,还不如一场梦更为笃实。塞西斯蒙多被他刚刚经历的事深深困扰,他到底是在塔楼中醒来,还是在王宫中醒来?他变得对行动无动于衷,再也看不到世间的一丁点真相:恐怕他准备好了将自己的存在仅当作一种表象,而唯有一朝死去,才能真实地存活下去。

但在卡尔德隆的作品中,人生如梦并非人类的真实境况,而是一场政治操控:巴西里奥是塞西斯蒙多奇异命运的始作俑者。在他的命运中,梦境和真实在世俗生命里相互从属:如果塔楼中的生活是真实,则王宫中的生活是梦境;如果王宫中的生活是真实,则塔楼中的生活是梦境。

除了塞西斯蒙多之外,没有其他子嗣的巴西里奥需要一位继承者:他把王冠传给了自己的侄子,莫斯科公爵阿斯多尔福。波兰人民对于被异国公爵统治感到愤慨,于是一队士兵来到塔楼中找寻塞西斯蒙多。万分焦虑的塞西斯蒙多看不到区分真实和梦境的任何标杆,由此得出结论,生命或许是一场梦,但即便在梦境中,好好经营人生也并无任何损失,于是他决定践行端正的品行。这部作品包含着一层道德内涵,几乎接近斯多葛学派的哲学理念:不论外界条件如何,不论睡眠或是清醒，我们都应当以正确的方式自持。

通过以正确的方式行动，塞西斯蒙多发现了当下的意义，继而赋予"人生如梦"新的含义。与其因生命虚无、转瞬即逝而认为生命没有任何价值，不如认为只有当下是重要的。相比于梦境，过去并没有更多的真实性，而未来更是不确定，因此需要在当下充实地生活。塞西斯蒙多说道："我已获知所有人类的幸福终归都会像梦一般逝去，而如今，我想好好利用自己的时间，为了使之延续，并为我的过错取得谅解，原谅这些过错的人必然拥有尊贵的心灵。"这是英雄主义和政治范畴的理想观，而非基督教出世派的理想观。"人生如梦"这种表达，在过去总是贬低所有世俗生命的价值，但如今，它被用于贬低过去和未来的价值，而将重要性赋予当下。

卡尔德隆的作品没有延伸出基督教的训诫：作者从未把只有在死后才能获得的无上真实和梦境两相对立。因沦为巴西里奥所制造的虚幻的操纵品，塞西斯蒙多的生活对他自己而言就像一场梦。作品结尾的骤然翻转才使得他最终接触到真实，即脚踏实地的生活和行动。

清醒和死亡的类比，因其披挂着真实的表象而让我们迷惑上当，但这只是一种**错觉**（illusion）。在尼采看来，我们为了贬低世俗生命的价值，创造了一种超越生命的真理。我们假设在世界的上方，存在着更为高级的另一重世界，它被尼采称为"**后世**"【注1】。后世是宗教想象中的世界，宗教宣称它比起感官世界来更加真实。这种歪曲的操纵使真实变为表象，使想象变为真实。

宗教使得人们相信真正的生命始于死亡，真正的财富即是贫穷，真正的科学即是无知，真正的道德价值则是忏悔、羞耻心和罪恶感，而真正的伟大是**懦弱**（faiblesse）。一个想象中的梦境被描绘得如同现实——死亡之后，存在着一个天堂，在那里人们能够变得全然幸福。在《论道德的谱系》中，尼采解释**"伪币制造者"**（faux-monnayeurs）如何编造一种理想："不报复的无能应被称为'善良'，卑贱的怯懦应改为'谦卑'，向仇恨的对象屈服应改为'顺从'……'无能报复'被称为'不愿报复'。"【注2】

后世是颠覆价值的地方：非但没有激发那种能够滋养灵魂、印证生命的喜悦，它反去称颂悲苦。悲苦让我们贬低自我，阻碍我们生存。在巴鲁赫·斯宾诺莎【注3】看

【注1】原文系"arrière-monde"，学界前辈有译为"背后世界"或"彼世"者，可参看尼采《查拉图斯特拉如是说》与《人性的，太人性的》。
【注2】此处译文系引自生活·读书·新知三联书店1992年版《论道德的谱系》，周红译，第30页。
【注3】Baruch de Spinoza（1632－1677），荷兰哲学家，西方近代哲学史上重要的理性主义者。其作品有《神学政治论》《伦理学》《政治论》等。

来，受辱或苦修，对死亡的称颂和对生命的否定是与神明的旨意相悖的。他在《伦理学》中写道："没有神明或人——除非心存嫉妒者——会将我们的眼泪、呜咽、恐惧以及内心无能的其他类似表征认作美德。"据尼采所言，信仰后世是懦弱而胆怯的人类的发明，用以奴役控制那些强壮而智慧的人类；这种发明摧毁他们的热情和渴望，将他们打压。通过捏造一种虚假的理想，阻止人们体会真实。

尼采在帕斯卡尔身上看到了这种遁世或毁灭的数千例证之一，他在《瞧，这个人》[注1]中，把帕斯卡尔描写成"基督教最有教益的牺牲品"，"基督教首先缓慢地杀戮他的躯体，继而是他的灵魂"。宗教毁灭了一位十七世纪伟大的天才：帕斯卡尔，这位无与伦比的智者，不再赋予抱负和智慧任何价值，且视自豪为罪恶，视智慧的探索为空虚。据说当帕斯卡尔做出精妙的推理，在感受到自尊心的内在活动之后，就会给自己贴身佩戴的带尖刺的腰带一记重击：一个空虚而悲惨的人，应当因看重自身的智慧而自我惩罚。他在《思想录》中写道，科学和哲学都是虚无的。在尼采看来，基督教将人类引入自我放弃、顺从和自我排斥。它将不安转化为

【注1】原文系拉丁语"Ecce Homo"，彼拉多将戴荆冕的耶稣交给犹太人示众时说的话。

自省的折磨，禁锢了人类的灵魂。帕斯卡尔最终因自我施加的虐待离世。认同人生如梦是阻碍生存的最有力的方式。生命并非不可靠，它只是在后世的**欺骗性**普照下显得不够真实，后世将自由的人类转变为屈从的奴隶，并且让他们追逐空想。

生命稍纵即逝这点并不能使其变得不真实：生命是短暂且有价值的。比起对死亡的思考，十七世纪荷兰虚空派画家的画作可能更多地展现了对生命的思考：贝类、花朵、昆虫或是蝴蝶的美，人类创造之物的美，绘画与闪耀的色彩的美，是它们给予人类愉悦。

沉睡之梦

·梦的预言·释梦·噩梦·极权主义下的梦·

来去无踪的梦神一般穿行于两座大门,一座由牛角制成,一座由象牙雕成。穿过象牙大门来到人的梦乡的梦神,只会欺人,所现所说不会成为现实;而通过牛角大门进入的梦神,却可以带来真实可信的讯息,无论是给他看到的任何一个凡人。[注1]

——荷马,《奥德赛》

梦的预言

贝热尼丝带着深深的焦虑醒来。她梦到自己在某个大黑洞中无止境地坠落。她确信这类梦境通常都接续着一个糟糕的白天:父母相互争执,一项课堂作业没有通过,离家时忘带钥匙。她不安地想今天会有什么降临。

对于不幸,贝热尼丝有**预感**(pressentiment),她通过一种模糊的方式感知不幸的降临,就仿佛梦境

[注1] 此处译文系引自人民文学出版社1997年版《荷马史诗·奥德赛》,王焕生译,第370页,有删改。

是一个不吉的征兆，一种对于未来的预示。正因为她的梦境不够精准，就更令人不安：何种灾难都可能发生。有时，贝热尼丝感觉她的梦境是**预兆性的**（prémonitoire），梦境向她提示将会发生的事情：某天，英文课由一场临时测试开始，而她在前一晚就梦到过。一个梦如何能够预见未来呢？贝热尼丝每次梦到跌入黑洞，不幸就会降临到她身上。梦境和现实是否存在因果联系？是因为她做了这样一个梦，不幸才发生？还是因为不幸即将出现，她才会梦到？如果梦中的画面不企图让我们窥探未来，它们又展示了什么呢？

长久以来，人们认为自己不是在做梦，而是看到了梦——在古希腊语中，人们说"**看到一个梦**"：梦来自神的派遣，意在为我们揭示未来。或者更确切地说，梦是一种警告，它将引导人们的举止。在《圣经》中，先知们都是伟大的做梦者，从梦中接收上帝的启示；他们也是伟大的释梦人，在上帝的授意下为梦境做出解语。约瑟向法老如此解释一个梦：法老梦到自己看见一条河中走出七头健美而肥壮的母牛，随后又走出七头丑陋而干瘦的母牛。后七头母牛吞掉了前七头，且并未显出满足的神态，仍然瘦削而丑陋。在约瑟看来，上帝已经指示给法老将会发生在埃及的事情：七年的大丰收，继而是七年的贫瘠，大饥荒程度之重足以耗尽所有的土地。约瑟因此建议法老在富足的年份储备粮食。梦，来自上帝的警示，它不是一个不可避免之灾难的预告，而是鼓励人们采取谨慎的行动——把大麦聚敛存贮起来。

法老的做法只有在梦境实现时才是智慧的，如果丰年持续，这些储存的大麦将长久积压。而希腊人更加不相信自己的梦境，他们会区分那些预言真实的梦和那些言语虚假的梦。在《奥德赛》第十九篇中，奥德修斯，那个最终成功回到伊萨卡岛的人，隐姓埋名，假扮成一个贫苦的异乡人潜入自己的宫殿。等待他数年的妻子佩涅洛佩被众多追求者环绕，这些追求者住在她的家中，挥霍着奥德修斯的家财。佩涅洛佩刚刚做了一个奇怪的梦：她欣喜地看到二十只白鹅从水中浮出，啄食家中的大麦；然后一只巨大的弯喙鹰扫下山脉，从上面猛扑并咬断它们的喉咙，尔后再次冲上高空。她和仕女看到死去的鹅群哭泣起来；鹰又俯冲下来，并且以男人的声音对她说道："声名远扬的伊卡里奥斯的女儿，请放心，这不是噩梦，是美好的事情，不久便会实现。鹅群就是那些求婚人，我刚才是老鹰，其实却是你的丈夫，现在回到了家，我将让所有的求婚人遭受可耻的毁灭。"[注1]梦境是否告知了佩涅洛佩现实呢？她能就此得出奥德修斯将重返

[注1] 译文出处同上，第369页，有删改。

伊萨卡岛，并且杀掉所有觊觎王位者的结论吗？

解读一个**预兆性梦境**的困难不仅仅在于梦境可能是虚假的。通常情况下，梦境还是含糊不清的，并且可以被赋予不同的含义。在莎士比亚的作品《裘力斯·恺撒》中，恺撒被刺杀的前夜出现了许多令人不安的预兆：一颗彗星穿越天际，一头母狮在街道上生产，坟墓裂开了口，放鬼魂出来。这些现象是恐怖事件的征兆吗？占卜师们剖开一头献祭的牲畜的肚子，却找不到它的心，他们于是建议恺撒不要外出。这是预示死亡的征兆吗？还是如同恺撒所说，"神明显示这样的奇迹，是要叫懦怯的人知道惭愧；恺撒要是今天为了恐惧而躲在家里，他就是一头没有心的牲畜"？恺撒的妻子凯尔弗妮娅梦到恺撒的雕像仿佛是一座有一百个喷水孔的水池，浑身流着鲜血，而那些精壮的罗马人欢欢喜喜地都来把他们的手浸在血中。她叫喊着醒来："救命！他们杀了恺撒！"她把自己的梦看作神明的警告，并让丈夫答应留在家中。当谋杀恺撒的反叛者狄歇斯来找恺撒，准备把他带到元老院时，恺撒向他解释了自己不能外出的原因。狄歇斯通过对凯尔弗妮娅的梦境做出一个新的解释而扭转了局势——他将梦境解读为一个大吉之兆：罗马将要从恺撒的身上吸取复活的新血，许多有地位的人都要蜂拥而来为圣物和徽章沾染余泽。恺撒听了狄歇斯的话，出发前往元老院，最终被杀害。

在街道上生产的母狮、彗星、没有心脏的祭祀动物，是对于未来预示性的象征吗？凯尔弗妮娅的梦境是昭示性的吗？是否警示了恺撒所冒的那些危险？观看《裘力斯·恺撒》时，我们清楚地知道他将被谋杀：我们知晓历史，从一开始就能听到密谋者的谈话。我们看到狄歇斯因凯尔弗妮娅的梦感到非常苦恼，但无论如何他还是成功地将恺撒带到了元老院。然而，我们能够就此认为，凯尔弗妮娅可以在梦中看到未来吗？恺撒的死和她的梦境之间是否有着必然的联系，或者说，这仅仅是巧合呢？

十七世纪的哲学家皮埃尔·贝尔[注1]在《关于彗星问题的思考》中，分析了他的同代人在面对彗星滑落时所感受到的恐惧，这一现象被看作死亡的征兆。历史学家列举出众多彗星出现之后发生的惨剧，尤其是恺撒遇刺一案。但贝尔写道，他们的证据"仅限于证实了彗星的出现，并且在彗星出现后，世上确实发生了不少的混乱无序。但这远不能证实其中一个事件是另一个的原因或者预断，至少我们不能让一位从未将头探出窗外、没看过圣宝莱街道上四驱马车驶过的女士，去假想自己是马车驶过的原因，或自己至少应该是整个街区的预兆：当她出现在窗前的时候，就会有很多马车驶过"。接续

【注1】Pierre Bayle（1647–1706），法国哲学家、作家，"百科全书派"的先驱者。

的链条不是因果的链条：彗星的轨迹和恺撒遇害之间不能判定为因果关系。我们在此处应当落脚于一个简单的巧合，一个被称作**偶然性**（hasard）的解释，即**两条独立体系缘由**的碰撞。我碰到一只黑猫和我摔跤受伤，两个仅仅是先后发生的事件之间并不存在任何因果关系。同样，我们可以拿出一个斯宾诺莎举过的例子。如果我从某处屋檐下走过，而一块瓦片掉下来砸中了我的脑袋，这两起事件没有因果关系，而是两条独立的体系缘由：我从家走出来是一个事实，瓦片掉落是另一个事实。瓦片掉下来是因为房顶的状态，以及风的因素，而我出门是因为一个约见。瓦片的掉落和我从屋檐下经过，这两个结果发生在同一时刻，但不存在一个特殊的理由能够解释这种巧合。如果事关一起谋害行凶，情形可能大不相同，但在此种情况下，这仅是一个偶然发生的事件。

预兆不是令人不安的、对即将降临事件发出的讯号，相反，是不安引导着我们自行制造了这些预兆。在《神学政治论》的前言中，斯宾诺莎分析了人按照一个既定意图处理问题时的无能为力：因为不能控制发生在自己身上的事情，他们在希望和恐惧中摇摆不定。对未来的恐惧使他们变得幼稚轻信：他们认为所有能够让自己想到或好或坏的过去的事件都是或吉或凶的征兆。然后他们有了恐惧，继而在身边发现各种征兆。这样说来，迷信因恐惧而生、由恐惧维系和滋长。当亚历山大大帝赢得胜利时,他嘲讽阿瑞斯坦德曾给予他忠告。但在遭遇第一次挫败后,他开始听从这位占卜师的意见,并且开始顾忌那些不好的征兆。当我们忧心灾祸时,梦境似乎就能告知未来;当我们思虑全无时,却不会给予它们关注。贝热尼丝在睡觉时是不安的,她的梦境直接表露了她的恐惧。梦境不是天启,只是表达了人类的情感和恐惧。

但认为征兆是一种迷信并不能解释预兆性梦境的精准。虽然贝热尼丝的梦仅用一种模糊的方式预告了灾难,但是某些梦境却让我们准确地看到了未来。埃及确实经历了足足七年的丰收和七年的饥荒;恺撒遇害,身中数刀,他的躯体迸出鲜血,正如凯尔弗妮娅在梦中看见的那样。这也是简单的偶然吗?梦境里的场景如何能够如此**精确地**展现一件事呢?

梦境,如果是在我们的恐惧中形成,则不是偶然的结果:它产生于我们的精神层面,在那里,我们的不安与如此这般的场景画面捆绑在一起,而这种关联并不是毫无缘由的。在《日常生活的心理分析》中,西格蒙德·弗洛伊德[注1]解释道,如果存在一种外在偶然

【注1】Sigmund Freud (1856–1939),奥地利精神病医生及精神分析学家,"精神分析学派"的创始人。

(hasard extérieur），则不存在一种**内在偶然**（hasard intérieur）。与我的精神生活毫无关系的事件不能够为我预卜未来。相反，我自己心理活动的显露一定包含着某些意思：它让人认识到一些**隐藏**于自身的元素。弗洛伊德的马车夫在载他去拜访一位年迈的病人时，走错了道路：他的错误对于弗洛伊德来说没有任何意义，弗洛伊德没有把这看作死亡的先兆。相反，如果弗洛伊德自己步行去病人家里时，来到一个错误的地点，那他应当探寻自己错误的意义。这可能是他无意识中的想法——认为病人很快就要死了。马车夫的错误是一个简单的偶然，而弗洛伊德的错误则是"受到无意识支配的行动，需要一种解释"。他走错路这件事没有向他揭示关乎未来的种种，却能让他发掘隐没于自身的一些想法。

相似的，预兆性梦境有着存于我们自身的原因。它在我们的精神层面中，而不是存在于我们之外、不是存在于一些能够提早预见事件，并将其揭露给我们的神秘力量中。梦境呈现了我们的渴望和恐惧，将其和我们在自身经历中所累积的、关于期望或是不安的场景互相联系，有时这种连接方式是瞬时性的、**未受关注的**。在弗洛伊德看来，哥伦布梦到自己发现了一条去往印度的新航线不足为奇：他当时正在寻找航海探险的资助，希望能够获取重大发现，让自己的名字永垂不朽。他的梦境正是渴望的表达。在皮埃尔·贝尔看来，一个人梦到城市起火不足为虑，这是一个常见的、并无预兆性的梦，而虔诚的信徒则喜欢想象是人类的堕落招致了上天的怒火；凯尔弗妮娅梦到恺撒身中数刀也不足以使人震惊，她应当是注意到了那些大共和主义者的奇怪举止，进而开始怀疑他们对恺撒的忠诚。她的梦境解释了她从那些举动、话语和反抗中感受到的不安，恺撒周身淌着鲜血的躯体映射了他的众多仇敌。

因此，在这些预兆性梦境中，存在着一个**真相**，这个真相深藏于我们自身：它属于过去而不属于未来。预兆性梦境不能让我们了解外在的世界，不能向我们揭示将要到来的事情，它让我们更好地认知自我，并且让我们发掘自己的记忆、深藏的渴求和幻想。

无论是做梦者还是一个疯子，他们的头脑中没有什么是缺乏条理的，……但那些牵引了无数不同念头的微妙连接，有时却很难辨认。

—— 德尼·狄德罗致索菲·福兰德的信
一七六〇年十月二十日

释梦

摩根向玛丽、菲奥莲和迦尔玛讲述了前一晚她做的一个怪梦："我感到背痛，来到一家肉铺。老板引我到店铺后间，用抓满火腿的手给我按摩……""火腿，我很肯定这代表着某样东西。"菲奥莲说道。"但这个故事没头没尾，这当中没有什么值得理解的！"玛丽抗议说。"你的肉铺老板在你的梦里照顾你，"迦尔玛注意到，"然后他还把你带到了店铺后间……你的肉铺老板，他很帅么？你不会是爱上他了吧？"

如同玛丽所想的那样，摩根的梦境是一个没头没尾的故事吗？梦境究竟是一种无法表露任何心理活动的生理过程,还是说,它是我们精神活动的产物,带有深层的含义?我们能够解释这些梦境吗?

像菲奥莲这样寻找火腿代表什么,等同于认定梦中的每一个元素都有着它自身的含义。我们长久以来都用**"解梦书"**(clefs des songes)来破解梦境:梦像一个被编码的文档,我们只要了解线索,就能够轻松破译。梦境如同由一系列携带间接含义的象征和图像所组成,一本"解梦书"就是一部梦境符号的词典。菲奥莲在网上查询了其中一本,发现梦见火腿可能有两重含义:生火腿代表对立冲突,熟火腿代表境况的改善、项目的达成。至于肉铺老板,他代表了严重的家庭困扰,或许暗示着一位亲友病重。摩根梦中的火腿是生的还是熟的?用火腿按摩的屠夫到底代表着一场带来冲突的疾病,还是一场最终得以解开困局的矛盾呢?如果梦境的破译能够产生如此不同的版本,那么为其寻找一个意义难道不是徒劳的吗?梦境是否仅仅只是谎言,而对它们的解释则是任意的呢?

在《梦的解析》中,弗洛伊德批判了"解梦书":理解一个梦,不需要机械地从中破解元素,而是需要根据做梦者进行解析,从他的过去、他的情感和欲望入手。因此,需要研究的是做梦者会将什么图像与梦境中不同的元素联系起来。弗洛伊德于是分析了一个女人的梦:她想要举办一场派对,但还缺少许烟熏三文鱼。这天是周日，所有店铺都歇业了，她尝试电话订购，但电话又出了故障；最终，她放弃了组织这场饭局。弗洛伊德没有机械地破译烟熏三文鱼或电话在梦中的含义。他向做梦者提出诸多问题，比如这些出现在梦境中的不同元素让她想起了什么。做梦的前一天，她拜访了一位喜欢烟熏三文鱼的女性朋友。朋友向她抱怨自己身材太瘦并且希望能再长胖一点，还表达出想去她家做客的愿望，因为她做的饭食总是美味可口。此外，她的丈夫总是对这位朋友称赞有加，这让她有些恼火，进而变得有点嫉妒。幸好，她的丈夫只喜欢微胖的女性。

一旦了解所有元素，梦境的意义就变得清晰起来：做梦者不想邀请她的朋友到家中吃饭，使她的身材变得更圆润，以增添其对丈夫的吸引力。在她的梦境中，她偏向于拒绝接待这位朋友，而不是邀请她来访。烟熏三文鱼不再是一个通过某本"解梦书"就能向我们传达意义的象征，它只在梦中起到一个作用：这是她朋友最喜欢的一种食物。这个怪异的梦境讲述了一个逻辑严密的故事。

梦境转化了现实中的元素：在自身显而易见的意思（即弗洛伊德所称"梦的显意"[contenu manifeste]）背后，还有一层隐藏的含义（即"梦的隐意"[contenu latent]）。解析一个梦境时，我们试图从"梦的显意"过渡到"梦的隐意"。我们会对弗洛伊德所称"**梦的工**

作"（travail du rêve）展开分析，而这一心理过程正是把"梦的隐意"转化为了"梦的显意"。破译一个梦境，就是理解它在这个过程中是如何被编码的。我们如何产生梦境，或梦境如何产生于我们自身呢？做梦时，在我们的精神层面发生了什么？

筒井康隆在小说《梦的检阅官》中讲述了一个梦的形成。故事完全在一个日本女人的心理世界展开。两个月前，她的独子被同班同学霸凌至死。为忘记痛苦，她每晚都饮一杯清酒，然后入睡，但又因睡眠不佳而哀叹着醒来。她被悲伤、痛苦的回忆持续困扰。梦境法庭中的检阅官和记录员与这些回忆进行抗争：作为睡眠的守护者，他们极力避免梦境太过痛苦而使入眠者醒来。每个夜晚，他们都能够预见一些地点、物件或者人物在梦中出现：儿子就读的学校，他的同班同学、主任教师，他让她感到的温情，甚至儿子的形象本身。这些事物唤醒了她的痛苦，让她无法入眠。梦境法庭必须阻止这些图像进入女人的意识，但又无法完全消除它们：检阅官和记录员于是只好处理学校与一帮孩子的图像，而它们不会如魔术般消失。他们仅仅只能通过伪装和替换，将这些图像转变为不会被做梦者识别出的内容。他们求助于一组布景师和服装造型师团队：把学校变成屋顶宽阔的房子，把蜂拥而来的学生变成一大穗黑小麦。布景师不仅利用了图像的相似性，也利用了文字的相似性：主任教师的名字和女人舅舅的一样,所以他的形象在梦中被后者取代。通过摆弄英文字眼"sweetness"(甜蜜)的双重含义——糖分的甜度和情感的温暖——女人对儿子的温情被形象化为一大片甜瓜——他喜欢的食物。布景师和服装造型师没有太多时间去实现这些转变,有时会在梦中遗留下不适宜的元素,比如,学校的时钟仍然挂在屋子的正面。而当女人的儿子最后出现在法庭中时,梦即将展开。布景师和服装造型师黔驴技穷,已经无法再对这个形象进行伪装。考虑到无论如何,在梦境中见到儿子对母亲来说都是一种欣喜,他们最终决定把孩子送入梦中,然后让他穿越瓜田。故事在这个男孩的独白中结束:"谢谢让我来过。"

因此,"梦的工作"在于一系列的**转化**,筒井康隆利用布景师和服装造型师的小说角色对其进行了描述。这些转化让做梦者不再能识别出梦中的事物:它们修改了那些属于做梦者的记忆、情感和幻想的元素,而这成为唯一需要破译的内容。同时,这些转化在做梦者无意识的情况下得以实现:这个日本女人在布景师和服装造型师的忙碌中睡着,后者运用了她不再回忆的,甚至可能已然忘却了的人与物——她的舅舅、"甜蜜"这个单词,或者那些她不愿回忆的元素——学校、学校里的孩子。

赋予梦境含义,意味着认同我们身上有些**不为已知**的元素,它们没有出现在我们的意识中,不是因为它们年代久远，也不是因为它们微不足道，而是因为它们干扰而滋乱的特性。弗洛伊德写道，在无意识的状态下，我们排斥、**抑制**（refouler）那些痛苦的回忆、危险的念头。因而，那些被梦境操纵的转化和变换是扭转和伪装：由于它们，痛苦的回忆不再被意识所辨识。梦境的晦涩难懂是抑制的结果，弗洛伊德写道，"如果梦境是晦涩的，那是为了不让我的意识所反对的潜在想法遭到泄露，是迫不得已"。梦中的故事显示了抑制的作用。这个日本女人将丧子给她带来的罪恶感抑制在意识之外；梦到烟熏三文鱼的女人对她朋友的情感十分矛盾，而她自身不愿承认：她很喜欢自己的朋友，但对她感到嫉妒。她绝不会想到对自己的朋友说："我不可能邀请你！"这个想法不是有意识的，证据就是当她醒来时，她不能够理解自己梦境的含义。

但是，抑制一个想法不足以使其消失：回忆、情感总会存在，且保有同等的力量，并持续施加作用于我们，我们能够感知到这些作用，却无法理解其原因。梦境展现了被压抑的渴望的力量。只有在它们被伪装后，我们才能承受。日本女人想要忘记儿子的死因：那些纠缠她的罪恶的画面被梦境充分转化，不再让她感到不安；梦到烟熏三文鱼的女人被一种难以承受的矛盾所困扰：礼貌和友情使得她需要接待一个她不想接待的人。梦境通过粉饰她不能举办晚宴的情境，使问题得以解决。这不是她的错误，她没有任何可自责之处。梦境因而成为睡眠的守卫，让我们持续平静入睡，不再被担忧、焦虑或是欲望的力量扰醒。

我们看到了弗洛伊德提出的解析方法与简单的"解梦书"之间的区别：梦境之含义是由做梦者本身赋予的。弗洛伊德很快意识到自己不能**强加**一种解释于做梦者：后者不会被动地接受它，反而正是他自身制造了这种解释，尤其要说的是，他须从自身发掘这层释义。这也是为何雅克·拉康[注1]认为，我们不能在精神分析中谈论医生和病人，亦不能说分析者与被分析者，而应该称作**分析者和精神分析对象**：精神分析对象扮演着一个主动的角色，而非经受一种治疗。分析者通过对分析对象提问、引发联想，帮助后者梳理自己的梦境。但在最后的阶段，是分析对象自己去理解梦境，并且于自身发掘真相，这个真相的证据就是意识的产生。

但这不意味着梦境就能变得一目了然：我们在无意识层面进行解读永远不可能像阅读书本那样流利通畅。在梦中，永远存在着一个模糊的部分、一些我们无法理解的元素，这被弗洛伊德称为**"梦的脐点"**（l'ombilic du rêve）。梦境会抵抗将它全面控制并整体掌握的分析。对一个梦境的解析是有**选择性**的。再者，当回忆并

【注1】Jacques-Marie-Émile Lacan（1901-1981），法国作家、精神分析学家。

讲述梦境时，我们往往将其图像转变为了语言。而罗歇·达东【注1】指出，比起用语言对梦境进行描述，我们对于梦境中图像的解析少之又少："梦的解析从来不只是对于梦境叙述的解析，还有叙述的文化和技巧性结构所引入的醒觉时的价值标准——命名、构成、连接、人物、情节、情境，所有这些形成一个完整的'**剧作艺术**'（dramaturgie）——据此我们才能思考，解析是否让梦的活动改变了性质。"释梦，就是分析梦中具有意识的回忆。

【注1】Roger Dadoun（1928– ），法国著名精神分析学家、艺术评论家。

那是在漫漫长夜的恐惧中度过的。

——让·拉辛[注1]，《阿达莉》

不要再睡了！麦克白已经杀害了睡眠！

——威廉·莎士比亚，《麦克白》

噩梦

卡普辛邀请两位密友阿加特和卡内勒留宿。在入睡之前，三个人互相讲述了他们最糟糕的噩梦。"小时候我常做一个可怕的噩梦，"卡普辛说道，"我常常惊叫着醒来。在梦中，我的房间里有一些坏人，带着一只大狗。他们打开尽头的一扇门，进到了妈妈的房间里。醒来后，我感觉他们仍在那里，他们确实走进了那扇门。"卡普辛想到这一幕，仍然会颤栗。威廉·萨克

【注1】Jean Racine（1639-1699），法国剧作家。其创作以悲剧为主，与高乃依和莫里哀合称十七世纪最伟大的三位法国剧作家。

雷【注1】在小说《名利场》中描写的那位老绅士对这种颤栗也感同身受。这位绅士带着恐惧讲述了自己的梦。梦中他回到了十三岁时就读的初中，而当时负责鞭责所有孩童的雷恩博士命令他脱掉裤子。

为何一场噩梦会令人害怕？为什么它在数年后还能让我们感到恐惧？噩梦以使人不安的方式混杂了真实和想象、过去和现在。卡普辛不能够辨识真实的地点（房间、房门）和想象中的人物（恶人与狗），而那位老绅士如今仍然体验着他童年时遭受的痛苦和耻辱。但是，这无法解释为何噩梦的影响在清醒之后仍然存在：从噩梦中醒来很难，人们需要点亮灯，有时还需要起身去喝点水。我们甚至可能对再次入眠，重新进入梦乡感到害怕。为能再次安睡，仅仅想着"这只是一场噩梦"是不够的。为什么我们于梦中感受到的恐惧在回到现实的情况下仍会持续？噩梦何以让睡眠变得不可能？

莎士比亚通过《麦克白》将一场持久的噩梦搬上舞台，这场噩梦占据着做梦者的生活，并且干扰了他们的睡眠。一天夜晚，凯旋的麦克白将军谋杀了在他城堡中留宿的苏格兰国王。他被自己的行为惊吓得愣住了，手中仍然握着滴血的匕首。而怂恿他下手的妻子，则夺过

【注1】William Makepeace Thackeray（1811–1863），英国维多利亚时代小说家。《名利场》为其代表作。

匕首亲自走进受害者的房间,将那鲜血涂抹在两个卫兵身上。这场凶杀的残暴"杀害了睡眠"。麦克白看着自己沾血的双手,怀疑海神的广阔大洋是否足够洗净它们,他认为自己将再也不能入眠。很多年后,他的妻子每晚梦游时都去洗手,神经质地搓揉,并且喃喃自语道自己仍然能够看见手上的那些血迹,而所有阿拉伯香料都不足以将血腥气掩盖。仿佛噩梦每晚都在占据她的梦乡,逼她不断地洗手,迫使她疯狂地寻找方法来抹去自己罪行的痕迹。噩梦的画面侵占了现实,白昼来临,这些画面仍然存在。

麦克白和他妻子神思恍惚的举止似乎展示了一种莫名且令人不安的力量,这种力量操纵了他们,使得他们做出不自控的行动。这种力量超越了所有的现实、一切的理性:他们如同被一种任谁也无法施予安抚的恐惧所缠绕。没有任何一种心理分析能够解释他们的行为。他们确实谋杀了国王,但这并不等同于"杀害了睡眠":他们的负罪感在很大程度上是无意识的,想象中的恐惧超越了真实的恐惧。通过夸大这重噩梦,通过向我们展示在罪行发生之后的数年间,麦克白夫人仍在不断地清洗双手,莎士比亚引导我们思考:是什么才能激发如此强烈又带有强迫性的恐惧?噩梦背后究竟隐藏着什么?

噩梦通常被认为是一种**不祥**的存在。它在夜间降临至做梦者的胸口,并且施加压迫:在古法语中,"cauchier"

表示压迫，"mare"则意味着幽灵。噩梦（cauchemare），即是夜间的幽灵、是梦魇（incube）——在梦境中玷污熟睡妇女的恶魔；德语中的噩梦（Alptraum）也和某个叫作"Alp"的梦魇有关，它扰乱人们的梦境，企图使做梦者窒息；英语中的噩梦（nightmare）则代表了一种恶魔般的夜行生物。它经常以黑马的形象出现，因为在英语里，"mare"同时表示恶灵和母马。这种生物的残暴和它向做梦者施加的压迫解释了为何人们总是很难从噩梦中醒来：噩梦不只是梦境，它**形象化**为一个真实的存在，做梦者很难从中逃脱。在画作《梦魇》中，画家约翰·亨利希·菲斯利[注1]呈现了一位完全陷入沉睡的女子，她被黑夜的所有力量驯服：一只梦魇稳稳地待在她的胸口上，似乎不想挪开，而一匹双目闪着磷光的巨马从帘幕后探出了头。

正是梦境的这层真相让拉辛著作《阿达莉》中的主人公感到不安。耶洗别的女儿、犹大国王后阿达莉迫害了先知，并在耶路撒冷建起一座祭祀异神巴力的庙宇。她的母亲死于谋杀。为了复仇，她最终将大卫所有的后代斩草除根。她认为自己已然在自己的国土上达成政治与宗教的和平，可以享受"智慧的成果"了。然而，"在一次深夜的恐惧中"，她做了一场令自己饱受折磨

【注1】Johann Heinrich Füssli（1741–1825），瑞士浪漫主义艺术家。

又无法忘怀的噩梦：她的母亲告诉她，她将会落入残暴的犹太神祇之手，一个看似温和宁静的孩童将向她的心脏插入一把匕首。噩梦的场景笼罩着阿达莉，使她不得安宁，但当她伸展双臂想要拥抱母亲时，却只看见——

> ……
> 受伤而残缺的骸骨和躯体
> 陈列在软烂的泥浆中
> 形成一种骇人的混合物
> 染血的碎片
> 可怖的肢干
> 被恶犬吞噬
> 它们还在彼此争夺

起初，阿达莉因为自己的恐惧而羞赧，她将自己的噩梦解释为受到"某种阴郁雾气"的影响，但是这个梦境多次回现，于是她开始带着苦恼思虑，是怎样一种不祥的生物掌控了她：噩梦是残暴的犹太神明派遣的吗？是通过侵占她的梦境，在夜间将力量施加于她吗？还是说，被我们象征化为某种外界不祥之存在，其实深深藏匿于我们自身？噩梦中的场景是幻觉，还是征兆？又或者，它完全由我们的精神所创造，其唯一的真实性只在精神层面？噩梦的奇特之处发生在我们身外，还是藏于我们自身，正因我们对此毫无觉察，才更令我们不安呢？

在莫泊桑的小说《奥尔拉》中，一名男子在私密日记里讲述了自己遭受的一场怪病。他陷入某种抑郁的症状，并伴随着发烧和神经质，感觉十分疲倦。这些症状会在每天夜晚到来之前显现。他恐惧睡眠，不安地等待它的降临，"正如人们等待刽子手一般"。入睡后，他感觉有人靠近他，紧盯他，抚摸他，爬到他床上，跪在他胸口，用尽全力锁紧他的脖子，试图让他窒息，或者如同《哈利·波特》里的摄魂怪那样，用嘴唇取走他的生命。他带着冷汗醒来，万分惊慌，难以再次入睡。早晨，他发现自己体力衰竭，疲惫不堪。他是受制于一个寄生在身体上的不可见的生物吗？应该是从巴西远来的渡轮携带的一种神奇生物——"奥尔拉"？这是他最初的解释。他戒备着奥尔拉存在的蛛丝马迹，绝望地试图捕捉它。他在夜间痴迷地观察着瓶中的水，并没有喝，瓶子却在早晨变空。他看到面前的玫瑰花茎弯折了，仿佛一只不可见的手正在折损它。他震慑于自己的灵魂被侵占，于是决定征服他的驯化者，并要通过置其于死地来获得自己的解脱：一天晚上，他把"它"关在房间内，然后对屋子纵了火。他看着房屋燃烧，忽然意识到自己的敌人并未死去，可能它不在自己身外，而是隐匿在自身深处。被他称作"奥尔拉"的生物，是一个虚幻的存在吗？还是某种他自身存有的怪异真实——他所不自知的、被弗洛伊德唤为**无意识**（inconscient）的一些隐藏的内心冲动呢？

小说正是收尾于这样一种思考，主人公自我诘问，在他身上是否有着两种存在。意识到对房屋纵火毫无意义之后，他哭喊道："不……不……肯定的，毫无疑问……它没有死……哎……只能是我自杀了，我杀了我自己！"噩梦让他发掘出自身如此陌异的面目，以致他变成了自己的陌生人。因而，噩梦应该是对存在于我们自身却又无法解释的元素所进行的表达：它令人焦虑恐慌的特性是从我们自身延展而出的，并非出于神秘的力量。它**不安的陌异感**（inquiétante étrangeté）不是由于那些虚幻的存在，而是发自那些深植于我们自身、让我们对自身感到陌生的事物。

在《夜路》中，当代哲学家克莱芒·罗塞[注1]描述并且分析了自己在长期抑郁阶段所做的梦。他数年来都体验着一种无法恢复体力的睡眠——比起入睡之时，醒来更加疲倦——睡眠伴随着长久而奇异的梦境，给他留下强烈的焦虑感。这些扰人的梦境并不是那么的可怕——他通常在梦中看见的只是微不足道的寻常事物——但它们对自己来说却是完全陌生的。罗塞写道："我开始了解，正是由于在某种程度上它们——怪异般

【注1】Clément Rosset（1939-2018），法国哲学家和作家。

的——'微不足道'，才使得这些梦境于我而言既是陌生的，也是令人焦虑的。"这些梦同时促使人格的解体和现实感的丧失，令他仿佛觉得自己在做另一个人的梦。突然陷入抑郁的人最先感受到的就是陷入类似境况的震惊。罗塞的梦境加剧了这种惊恐，并把它转化为图像。这些噩梦不让做梦者得到休息，亦不让他们恢复体力，从而恶意地滋养着抑郁情绪。这些不能归因于一个侵占了做梦者灵魂的不祥存在，而在于做梦者内心深处的一种挣扎。他在构成自己的、被他称为"储备"的**生命活力**（énergie vitale），和深重悲痛之后入侵自身的巨大气馁之间挣扎。

噩梦的恐怖来自其使人**异化**（aliénant）的特性：它让人无法理性地理解。出于羞耻心和对自传的厌恶，更是由于这类叙述毫无意义，关于自己悲痛的原因，罗塞什么也没有讲述：造成他悲痛的客观及可剖析的原因——降临在他身上的真实的不幸——让他无法理解悲痛的影响。噩梦的真实原因逃脱了意识的分析，不受理性的把控；正因如此，噩梦是使人异化和令人焦虑的。

噩梦并非由夜间压迫在我们身上的夜魔引起，它深藏于我们自身的焦虑，在深夜突然涌现。正因它源于我们自身，也因它加剧了我们的焦虑，才使我们感到恐惧。一幅图像使人感到害怕并不意味着图像本身是恐怖的：没有任何图像本身令人害怕。正如恐怖电影能够引发观看者极其不同的反应：恐惧、恶心、迷惑、激动、施虐的快感、狂喜、快乐和无聊。

让卡普辛恐惧的并不是那些恶人和恶犬，她的恐惧只是通过这些图像被表现了出来。恶人和恶犬并不必然会引起恐慌：卡普辛原本可以继续梦到自己铺设陷阱，成功阻止这些人入侵住宅，就像《小鬼当家》中的主人公那样。而她的梦本应该是令人发笑的，梦境本应该展现她的能力和胆魄。麦克白不再能够入睡，是因为他的天性中充满了过多的——用莎士比亚巧妙的话说——"人情乳臭"；而麦克白夫人，这个能把自己正在哺养的孩子扔向墙壁的残忍女人，也不知道自己的内心深处仍然可以感到良心的责备。阿拉伯的香料将永远不能掩盖她双手上的血腥气，她与源自意识深处的一种**恐慌**斗争，这种恐慌她无法辨识，更不能理解。

我不应当是被独裁者谴责为唯一如此做梦的人。那些充斥在我梦境中的元素应该也填满了他人的梦境——逃离……隐藏……蜷缩……，冲锋队到处尾随。

——夏洛蒂·贝拉特[注1]，《第三帝国下的梦》

极权主义下的梦

路易丝仔细地整理着床头柜中的秘密小本子。她刚刚在里面记录了自己头天晚上做的一个怪异的梦。她用钥匙再次锁上柜子的抽屉：绝不能让姐姐萨拉看到里面的物品。柜子里藏着路易丝的私人文件：她的情书和她的梦。路易丝认为她的梦只与自己有关：它们揭示了自己的不同方面，一些秘密的渴望，一些即使是姐姐也不了解的幻想。她的私人空间和家庭空间中有一重划分：

【注1】Charlotte Beradt（1907–1986），著名德裔犹太作家、记者，她以收集和研究民众在纳粹时期的梦境而著名。

在自己的房间里，她要回归自我。

我们也会在私人生活和公共生活中**划出界线**。私人空间是属于自己的。对于我们而言，梦的领域不可侵犯。如果说国家闯入私宅是不合法的，那么国家侵犯我们的精神似乎也是不应该的。我们检举住宅搜查、秘密监听、私人侦探，认为自身总有一部分能够躲过这样的审查。在弗洛里安·亨克尔·冯·多纳斯马尔克[注1]的电影《窃听风暴》中，一个东德特工在一位作家的公寓里安装了窃听器，没日没夜地监听。他因此掌握了作家在家中所有的言论与行为，但是，这能够阻止后者思考吗？更何况，这能够阻止他做梦吗？如果搜查一间屋子是可以实现的，人们又如何能够搜查一个思想着的灵魂呢？如果窃听一个人的私密对话是可以实现的，人们又如何能够窃听梦境呢？我们的内心深处似乎是不可侵犯的，而梦境更是我们自身最私密的部分。然而，我们的梦只是个人私有的么？还是能够被政治事件介入？梦是否代表了我们最后的自由，一个于我们而言独享的空间，不能够从我们身上**剥除**？还是说，发生在身边的事能够侵入我们的梦呢？

在《一九八四》中，乔治·奥威尔描画了一个被恐

【注1】Florian Henckel von Donnersmarck（1973– ），德国编剧兼导演，他于2006年拍摄的电影《窃听风暴》获得奥斯卡最佳外语片奖。

惧支配的社会。社会中的所有人都处于政权的全程监控中。"电幕"(telescreens),一种双向电视,政府既可以通过它传播影像,也可以通过它监视公民。"电幕"不断地拍摄记录着所有人。不存在任何言论自由。媒体或是"电幕"发布的信息不仅被权力操控,而且需要定期修正。通过消除所有能够证实回忆的方法,国家成功地扰乱和修改了公民的记忆。主人公温斯顿·史密斯的职业是篡改过去,以使历史能够符合领导人的意愿。思考的自由因此被削弱:当我们不仅被剥夺了所有关于现今信息的了解,还被剥夺了对于过去的认知时,人们应当如何思考呢?在《一九八四》的世界中,最恶劣的罪行就是"思想罪"(thoughtcrime),即思想的罪行。通过制造一门新的语言"新语"(newspeak),当局试图让所有的思想犯罪变得不可能。所有犯下此类罪行的人最终都直截了当地消失了:他们"蒸发"了,再也听不到关于他们的消息,仿佛他们从未存在过。

小说的主人公温斯顿和裘莉亚代表了两种形式的抵抗:温斯顿尝试思考和存储记忆,而裘莉亚为了保留自我的自由空间,为了跟规定耍花招,假装扮演着政党对她期许的角色要求,但实际却对此毫无信仰。他们分别保留了一重私人生活,这种生活尤其通过温斯顿的梦境表现出来。温斯顿梦到他消失了的母亲,他梦到了"黄金乡"——过去的时光。那时,还有亲密感和悲剧性;

那时，一家人都相互支援，不用问个为什么。他梦到一个棕发女孩对他做出曼妙的举动，然后嘴唇上挂着"莎士比亚"这个名字醒了过来。通过做梦，他还能够思考、回忆和抵抗：梦是无法被禁止的。温斯顿知道当局能够让他招供任何内容：所有人最终都会因饱受折磨而认罪。但是，当局不能迫使他背弃信念："招供不是一种背叛。人们说什么、做什么都无所谓，只有感情最重要。"如果有谁能使他不再爱裘莉亚——那才是真正的背叛。而裘莉亚补充道："他们能迫使你说任何话，不论是什么，但是他们不能够让你对此感到相信。他们不能钻到你的肚子里去。"

但这位崇高的乐观主义者也将在小说后续的情节中被否定。首先，即便是梦境也被监视了：温斯顿的一位邻居派逊斯被捕，他因在梦中大喊"打倒老大哥！"而被自己的女儿告发；继而，因为当局成功修正了人们的思考模式，同时也将修正延伸到他们的梦中，阻止思考、阻止想象最终使得一些梦境变为不可能。温斯顿和裘莉亚被捕，关押在友爱部，为了"治疗"遭受漫长而考究的折磨，直到他们被"治愈"，直到他们想当局所想的时候。"治疗"的最后一步在友爱部最恐怖的地方——"101房间"进行：人们会在这里面对自己最憎恶的事物。温斯顿被遮住面孔，面对着一个铁笼子，笼内关着饥饿的老鼠。这是温斯顿最害怕的东西，而折磨他的人正在拔去笼门的插销：那些老鼠将会跳到他的脸庞上，他知道老鼠会啃噬他的双目，啃掉他的面颊和舌头。他最终喊道："去咬裘莉亚，去咬裘莉亚，别咬我！"笼门没有打开，他被释放了，被当作是"治愈"了。温斯顿从此变为一个叛徒，在他身上发生了那些他绝不想再经历的事情。除非是梦到老大哥，否则他可能就不再做梦了。如今，他爱慕老大哥，"古代世界"不复存在。当他在伦敦一条街的拐角再度见到裘莉亚时，他们彼此冷漠相待。

即便这样一次对梦境的摧毁发生在小说中，我们也不能以它是虚构为由而否定它。因为奥威尔正是从真实的历史事件中，从专制主义政权所执行的历史重写和伪造中获取了小说的灵感。

我们可以将《一九八四》中描写的政治压迫和纳粹施行的压迫进行比较：前者阻止人们做梦，而后者迫使人们只做某些梦。一九三三年至一九三九年，夏洛蒂·贝拉特记录了同胞们的梦，这些人像她一样憎恶纳粹政权，但一直继续生活在德国。她在《第三帝国下的梦》中对他们做的梦进行了记录和分析。仿佛政治局势能够转变梦境，体制可以迫使人们梦到某些相同的事物：完全不同的人做着类似的梦。而贝拉特所研究的这些梦最先表达出的是恐惧和压迫。

对**持续监控**感到恐惧。做梦者在梦中制造出比现实更为荒谬的故事。一九三四年,一位医生因为没有在窗户上悬挂彩旗而被住所监察(纳粹党地区级别负责人)处分。他一边向监察端上烧酒以期平息事态,一边内心想道:"在我家里的四面墙上,我想挂什么就挂什么。"接下来的一晚,他梦到会诊之后,自己躺在沙发上,阅读一本关于德国画家马蒂亚斯·格吕内瓦尔德[注1]的书。然而他周围公寓内的墙体消失了,接着他听到一个扬声器喊道:"根据本月十七号废除墙壁的政令……"梦境揭示了压迫的暴力,以及对于被剥夺私人生活的恐惧。另一位做梦者想象自己被藏在公寓所有墙壁内的窃听器监控,但这对于一九三五年的技术条件来说完全不现实。政治宣传充满了谎言,以致人在梦中认为那些不可能的事情是真实的——无论如何,将窃听器装进墙壁里在第二次世界大战之前是不可能的——最终开始怀疑梦境与真实的不同。

对**审查和思想控制**感到恐惧。一位数学教授从一九三三年初秋开始梦到写数学公式是被禁止的,甚至会被判处死刑。她在梦中躲进一家满是酒鬼的酒吧,那里有一支乐队发出阵阵轰鸣。她从自己的包里掏出一张极薄的纸,带着极度的焦虑,用隐形墨水写出一组公

[注1] Matthias Grünewald(约 1470–1528),文艺复兴时期德国画家,哥特艺术大师。

式。这个梦夸张了纳粹对知识界施加的暴力行为。在现实中，政权禁止一些书目并且焚烧图书馆，哲学、历史和文学作品均遭审核；而在梦中，政权甚至禁止了那些似乎不可能被禁止的内容：严格的理性和客观的认知。如果数学推理被禁止，那将没有任何知识能得以保存。即便做梦者试图通过用隐形墨水写下公式进行抵抗，她仍然在梦中屈服于一种想象中的压迫，这种压迫比起现实里的甚至更具威慑性。

当做梦者不再仅仅屈服于施加给他的压迫，反而接受和承认，甚至以积极的态度参与到压迫中时，政权的暴力开始以一种更强烈的方式得到实现。一九三五年的某段时间，柏林的公园里只有两种椅子——通常涂成绿色的正常椅子和通常涂成黄色的、留给犹太人的椅子。一个犹太人做了下面这个梦。在蒂尔加藤公园，他看到两条长椅，一条绿色，另一条黄色。在两者中间，有一个纸篓。他坐在纸篓上，颈间挂着告示："如果必须的话，我会给纸让座。"政权渗入了做梦者的精神层面：即便是在梦中，他也不再能够抵抗：比起正在践行的规章，他向自身施加了更为严厉的条律。做梦者被迫做了如同死亡阴影般的梦，仿佛已经被纳粹的宣传所内化了一般，他将自己等同于废物。政权的暴力还以另一种更为强烈的方式得到体现。一九三四年，一个女学生梦到自己在一次火车旅行的途中，独自坐在餐车的小桌子旁边,其他乘客则庆祝着"民族统一日"。他们合唱的政治歌曲在她听来是如此滑稽,她笑出了声。然而,当起身离开餐车的那一刻,她自言自语道唱歌也没那么滑稽,于是加入他们一同唱起来。相较于恐惧,女学生的梦更多表现了赞同和拥护。她并没有被来自外部的权力机关审查,她进行的是自我审查。她并没有因为在桌前发笑就被纳粹官员呵斥,她自己停止了笑声;女学生的思考方式从此截然不同了,她开始**依附**(adhérer)于政权的意识形态。

权力入侵梦境是极权政治的特征之一。研究极权制度的汉娜·阿伦特分析了极权和专制制度的区别。极权制既非一种专制,亦非一种独裁:极权政权并非简单地将所有权力集中于数个领袖,它力求达到一种**完全的支配**,一种对个人生活方方面面的掌控。为此,它冲破了私人生活和公共生活的划分,建立起一种每时每刻、针对所有行为的恐怖。极权制度首先以审查机构、政治警察、思想再教育与集中营的存在为特征,它消除了正确与错误,真实和虚幻,虚构与经验,政治宣传和真实信息之间的区分。它完全掌控了一个人的生活,跨越了个人私密的门槛。梦境传达了这种新型的政治秩序:公共空间和私人空间不再分界,梦境不再是庇护所和私人空间;除了政权的意识形态和它重建现实的方式之外,再无其他。个体因此依附于这种意识形态,他们不满足于

外在的服从,还会以合理性进行内在的**自我说服**。他们不但不会违反条规,反而遵守不可计数的条例,更是对政权衍生出的理论均严肃相待。他们遵守政府的要求,向其递交能够证明家族内祖父母均是雅利安人的文件,并最终相信建立低劣种族和高级种族之间的区分实有其确凿的道理。他们没有遭受压迫,而是归附于一种体制。他们讲着一门新的语言,带着新的情感,被演说激发热情,并参与到众多的集会中。这种意识形态如此牢靠,以至于它侵占并控制了梦境。

纳粹高层领导人之一罗伯特·莱伊曾写道:"在德国,唯一有着私人生活的人,**是那些睡着了的人**。"当我们见识到极权统治的高效时,或许能够思考,是否梦境本身也将最终完全归属于公共空间?

清醒之梦

·幻觉·白日梦·自导自演·

这蜡烛的光怎么这样暗!嘿!谁来啦?
我想我的眼睛有点昏花,所以会看见鬼怪。
它走近我的身边来了。你是什么东西?
你是神呢,天使呢,还是魔鬼,
吓得我浑身冷汗,头发直竖?
对我说你是什么。[注1]

——威廉·莎士比亚,《裘力斯·恺撒》

幻觉

艾米莉和弗罗拉来度假,惊恐地发现她们的度假小屋已被老鼠侵占:在厨房壁柜中,在衣物里面,甚至在床上,她们都发现了老鼠爬过的痕迹。布置捕鼠陷阱完全是徒劳的,她们已经无计可施。一天晚上,艾米莉叫喊起来,声称一只老鼠刚刚从电暖器底下钻过,但正在暖手的弗罗拉却什么都没看到。

艾米莉究竟是看到了一只老鼠,还是仅仅产生了幻

【注1】此处译文系引自作家出版社 2016 年版《莎士比亚全集》,朱生豪译,第四卷,第 280 页。

觉?"幻觉"(hallucination)一词在这里不代表一种简单的错觉、一种对于相似物件的混淆:她并没把电暖器底下的一团灰尘当作一只睡着的老鼠。**产生幻觉**,即看到了不存在的事物,在缺乏外部刺激的情况下体会到一种感受。正如梦境里的画面只是一种**心理实在**(réalité psychique)——艾米莉另一晚梦到,老鼠在她安睡时爬上她的床,而她用手掐死了它们;那些幻觉中的图像甚至也由我们的想象创造——看到一只老鼠从踢脚板底下爬过或者听到它发出咯吱的叫声。那么,如何理解我们的感知所犯的这些错误以及它进行的种种编造呢?怎么可能连我们自己也不能区分看到的和想象或编造的呢?怎么可能我们睁大双眼,却表现得如同斯坦利·库布里克的电影标题描述的那样,仿佛"双眼紧闭"呢?[注1]

在罗曼·波兰斯基[注2]的电影《冷血惊魂》中,凯瑟琳·德纳芙扮演一位年轻的美容师卡萝尔,因那些困扰和纠缠自己的幻觉而感到苦恼。幻觉的画面通常由主观视角镜头进行内置对焦拍摄。大屏幕上不时出现卡萝尔眼睛的特写,观众则通过她的双眼观察周遭事物。慢镜头记录着卡萝尔紧盯的楼梯裂缝,沙龙墙壁,直到它

【注1】此处系指斯坦利·库布里克的电影《大开眼戒》,其法语标题为"les yeux grand fermés",意为双眼紧闭。
【注2】Roman Polanski(1933–),犹太裔电影导演、编剧和演员。其作品有《钢琴家》《水中刀》等。

们开始颤动、开裂，只留下一些窟窿。卡萝尔屋内的布景中，有一扇藏在衣橱后面的门，与邻居的公寓共享一面墙；晚上，卡萝尔坐在床上看着光线透过门的上方穿进屋内。某晚，光线消失了，门微微开启，衣柜翻倒在地……她是怎么看到墙上那些窟窿的呢？她并没有移动，但是门却敞开了？**感知**（perception）并不是一种简单的**感觉**（impression），如同我们说一张胶片已被感光那样：感知不是单纯意义上的消极被动，它以我们的眼睛和精神的活动为前提。感知过程同时让感官区域和脑部区域介入。眼球晶状体聚焦于图像，并将其传导至视网膜，从而捕捉图像；大脑根据我们的所知——我们的经验、学识，和我们的所感——情绪、情感，对图像进行翻译和解读。想象力因而必然参与了感知过程。

眼睛观察事物的方式和大脑对其进行解读的方式能够引发幻觉。当一部电影在电影院放映，因视网膜在十分之一秒内保存了一幅图像的印记，我们才得以看到动起来的画面。当一个孩子隐约看到一撂被胡乱堆成动物形状的衣物，而他又曾听过狼进家门的故事时，他才会大喊说一只狼蜷缩在房间的一角。在感知的相同情形下，一个成年人绝不会看到狼：他确信一只狼不可能闯入公寓，这使狼的图像变得不可能形成。

我们能够轻易地意识到感知这种虚假的特性，或者更确切地说，我们意识到——如果修改了感知的条件，我们就不会看到同一个事物。研究一部电影的胶片，我看到了一系列接续的图像；靠近电暖器，我看到了一团灰尘而非一只沉睡的老鼠；打开灯，我看到了一摞衣服而非一只狼。错觉通过对物件进行错误解释令我们上当，而不是因为物件本身的存在：这团灰尘或这摞衣服确是真实存在的。

相反的，幻觉则不仅仅是改变对一件物品的感知，它从方方面面**构造**（inventer）了这个物件。正因如此，虽然经验揭示了幻觉的**虚假特性**，但幻觉却能够抵挡所有经验的考量。为了重新审视幻觉，我们需要把它认作是完全虚假的。被幻觉折磨，即是被它封闭。正如生活在一个永远醒不来的梦中那样，人们在幻觉里看不到其他的事物。为什么真实无法左右幻觉呢？

莫泊桑的小说《恐惧》中，一位旅行者跟着他的乡下向导在冬夜穿越森林。夜晚在一阵可怕的暴风雨中降临，他们两人走向一位守林人的家，想在此处膳宿。这位守林人两年前杀死了一个偷猎者，从此被这段往事折磨。当两人来到房前，守林人为他们开门时，他的手中握着一把上膛的步枪，他的儿子们守在门边，武装着斧头；他们害怕那个被杀的人今晚回来复仇。旅行者在用餐时为活跃气氛讲了一些故事，但在晚餐的最后，守林人还是用一种失去理智的声音说道："他来了，我听到他的声音了。"家里的狗开始不断拼命吠叫，他们只好把它赶到院子里围着栅栏的空地中。一会儿，屋外传来扒门的声音，一颗白色的头颅出现在了窗口。老守林人开了一枪，他的儿子们立即堵上窗户。他们无法入睡，整晚在等待中度过。天蒙蒙亮，他们在门口发现了那只老狗，被一粒子弹夺去了性命：它设法在栅栏底下挖出一个洞，逃脱了出来。

我们可以把这则小说视为一个奇幻的鬼故事：偷猎者的亡灵每年在其祭日回到人世，证据就是那只老狗听到了他，并且开始吠叫。但我们也能够从这则小说中看到幻觉：守林人因曾经的所作所为深受折磨，负罪感使他相信受害者将要复仇，老狗吠叫是因为它感知到了主人的恐惧。不是偷猎者的亡灵引发了守林人的反应，而是他自身的恐惧。如何解读莫泊桑的这篇作品，它是意图在日常现实中引入超自然元素的奇幻故事，还是一篇为分析自然原因引发心理征兆的自然主义小说呢？如果我们采纳第二种假设，那这部小说带给了我们何种关于幻觉作用的启示呢？这位老守林人认为他听到、感受到、看到了偷猎者的亡灵。幻觉对他来说是如此真实，以至于他所有感知的解释都由此出发。风穿过树枝的声响是偷猎者的脚步声，犬只的吠叫让他感受到了亡灵的存在。他对于死者回到人世的想法十分坚信，这引发了一系列感知，而这些感知又反过来使他巩固并加深了自己的坚信。

亨利·詹姆斯在《螺丝在拧紧》中分析了幻觉的这种特性。在乡下的一座华丽庄园中，年轻的家庭女教师需要照看两个孤儿。孩子们可爱、漂亮、温柔、聪颖，总是乐于学习且对游戏和散步充满热情。然而逐渐的，一种奇怪而阴森的氛围在三人中蔓延开来。女教师数次瞥见两个逝者——男仆彼得·昆特和孩子们的前任女教师泽茜小姐。她认为两人化身为邪恶力量，试图攫取孩子们的灵魂。女教师坚信自己肩负着保护年幼孩童的使命，她逼问孩子们，要他们承认自己也看到了昆特和泽茜，并且承认自己遭受了死者的影响。小说标题——"螺丝在拧紧"——表现了幻觉的作用。家庭女教师深信孩子们能够像她那样看见两个回魂的亡灵，并且据此解释孩子们做出的任何微小举动。如果在游戏中两个孩子看向远方，那就是他们看到了彼得·昆特或泽茜小姐；如果他们对一个问题感到吃惊或者不予回答，那就是他们在试图掩盖真相。孩子们的态度能通过彼得·昆特和泽茜小姐的存在获得解释，而彼得·昆特和泽茜小姐的存在又由孩子们的态度得到证明。每个孩子都将幻觉的螺丝拧紧了一下。幻觉形成了一个封闭的系统，不被任何异议动摇。孩子们平和温顺，叫人难以相信他们被恶魔绑架了，但女教师却认为这种平和是可疑的："他们从来不是乖顺的，他们只是被勾了魂，跟他们相处很容易，因为他们完全过着自己的生活。"因为孩子们过于乖顺，所以他们是被附了身的。

幻觉通过守林人或是女教师的**想象力构建**得以解释，它含有一种内在的**真实性**，这种真实性存在于那些能够感受它的人的情感中，存在于用来解释感知的逻辑当中。我们清楚这难以被辩驳：将幻觉与外部世界的真实相对立，并不能使我们把握真实。

斯宾诺莎写道："一个错误的观念所包含的积极成分，不是仅仅凭借单纯的真观念的出现就能取消。"【注1】一个错念、一个错觉、一个幻觉——$8^2=16$、一个幻景、一个幽灵——总是包含着一些真实的元素。我们通常倾向于认为那些搞错情况的人什么都没有理解，那些受幻觉影响的人万分愚蠢：在这两种情形下，某种机能不全解释了错误或者幻觉的形成。但在斯宾诺莎看来，错误的想法并不是全无根据的：认为$8^2=16$的孩子混淆了指数和乘法；瞥见绿洲的骑士看到了阳光在沙漠中制造的幻象，以为那是倒映出棕榈树的一汪泉水；讲述幽灵故事的人从自扮英雄中得到乐趣，要在故事中为自己赋予非凡角色的愿望让他们相信了自己所编造的故事。而**修正**错误的想法，就是修正想法中错误的方面——这种修正不影响想法中包含的正确部分。我能够跟一个孩子解释$8^2=64$，但如果他不能理解自己陷入的混淆，就

【注1】此处译文系引自商务印书馆1997年版《伦理学》，贺麟译，第171页，有删改。

只能去怀疑乘法表了。因此，修正一个错误需要首先将它理解成片面的认知，而修正所做的是**完善认知**，并非消除认知。

错觉和幻觉的现象不仅让我们的精神，也让我们的身体参与其中，因而它们是更加复杂的。一个视觉上的错觉，其背后的真相能够通过身体感知外部世界的方式得到解释。我们感觉天空中的太阳离我们很近，即使知道它实际上远在一亿五千万千米之外也是徒劳的，因为我们获得的**认知无法转变我们的感知**：人眼必然认为太阳就在不远处。甚至是有着丰富专业知识的宇航员也不能正确感知与太阳的真实距离，而只能像其他人一样看待它。幻觉来源于混杂了感知和记忆的想象力。想象力善于创造图像，而图像能够跟身体感知到的其他图像融合。因此，想象力就成功地搭建了一个体系，将外界现实与心理实在混杂，或者更确切地说，因为心理实在，体系才重新构建了外界现实。人们无法将外界现实和幻觉对立，因为对于产生幻觉的人而言，唯一的真实就是幻觉的真实。莫里斯·梅洛-庞蒂[注1]在《知觉现象学》中写道："被感知的世界已失去了它的表现力，幻觉系统夺去了它的表现力。"[注2]

【注1】Maurice Merleau-Ponty（1908-1961），法国现象学哲学家。
【注2】此处译文系引自商务印书馆2001年版《知觉现象学》，姜志辉译，第432页。

幻觉的作用因而变得跟梦的作用非常接近。托马斯·霍布斯在幻觉中看到了日梦。他在《利维坦》中以曾经谋杀恺撒大帝的布鲁图为例。在腓立比战役前夜，布鲁图醒来时，看到一个恐怖幽灵，质问他来腓立比做什么。布鲁图认为这幽灵就是恺撒，他变得恐惧不安：为了亲眼见证自己被谋杀之后世间发生的政治冲突，恺撒应该是从墓中出来了，这冲突分裂了那些觊觎他王位的人，而除了一场血战，再无其他办法能够让冲突得到解决。对于霍布斯来说，布鲁图看到恺撒再现不足为奇：布鲁图当时孤坐帐中，因为寒冷半睡半醒。谋杀恺撒带来的恐惧使他备受折磨，因此他梦到了使他惊恐之事，他的恐惧使他逐渐清醒，也让幻象逐渐消失，霍布斯写道："因为他无法确信自己已经入睡，所以无法确信这是梦，也无法确信这是其他任何事物，而只能认为是幽灵现身。"

因而，向布鲁图或者《螺丝在拧紧》中的家庭女教师解释幽灵不存在，告诉艾米莉没有任何老鼠穿过电暖器，都是徒劳的。不仅仅是远处轻微的薄雾或者复合木地板的嘎吱作响让他们看到了幽灵或者一只老鼠那么简单，关键在于他们的情绪、恐惧和渴求。所有迷惑性的形状、所有可疑的声响都会被解释成幽灵或者老鼠，不是出于他们看到的形象，而是出于他们内心惧怕的形象。声明一个感知只是幻觉并不会令其消失：我们只盯住外界的现实,而把现实的基础,即身心的秩序——我们的恐惧、不安和渴求——弃于一边,更枉顾了由某些致幻元素导致的病症和影响。想要驱散幻觉,打开一盏灯是不够的,还需要调节身心与世界的关系。

我们的思绪是多么容易一哄而上,簇拥着一件新鲜事物,像一群蚂蚁狂热地抬一根稻草一样,抬了一会,又把它扔在那里……

——弗吉尼亚·伍尔芙,《墙上的斑点》

白日梦

克洛蒂尔德和两个朋友坐在火车里。她们要去南部度假,此刻正讨论着行程计划。克洛蒂尔德看向窗外……景色延绵不绝,法式乡村……她想起自己第一次坐火车旅行……那次是前往伦敦……她看着英式乡村……田里有羊群……英国羊群……《单亲插班生》这部英国电影真是不错……休·格兰特是那样的帅气……他的双眼……在《真爱至上》中,当他翩翩起舞……克洛蒂尔德脸上浮现出笑容……直到朋友们敲醒她:"克洛蒂尔德,你做梦啦,快回回神!"她这才又接回了话头。

心不在焉,做白日梦,开始这一切之前人首先是分心的。在这种奇异的经历中,我们从一段思绪滑跃至另一段,不清楚自己是如何做到的,也不太能够重建思绪的脉络。根据拉丁语词源学解释,"**分心**"(distrait)的那些人是被牵引向了不同的方向:克洛蒂尔德被火车里的朋友和火车外的羊群牵引着;乡间景色接续不断的画面让她无法集中在对话上。分心通常被认为是专注力不足。应当避免处于分心的状态:为了思考,我们应该专注,聚精会神。

克洛蒂尔德的白日梦自由地连接着两两图像、词汇或想法。从法国乡下跳到英国乡下,从英国羊群跳到休·格兰特,我们无法察觉出一条传导的路径或者整体的一致性。这些联想是完全缺乏逻辑的,还是它们遵循着一种全然不同的逻辑呢?

白日梦通常作为一种纯粹的幸福感出现,跟思绪的空白联系起来,也作为一种深层而又平静的片刻休整出现。在《一个孤独漫步者的遐想》中,卢梭描写了在圣皮埃尔岛上度过的日子,他沉浸在没有任何固定或持续主题的"数千个杂乱而甘美的遐想之中"。他直直地躺在一艘小船上,任随水流漂移。他的感官聚集于波浪声,足以使他为自我的存在感到幸福,让他"不费力地思考"。这是对存在的纯粹感知,全然存在于当下瞬间的一种幸福感。白日做梦,即不去思考、任由遐想牵引,且深刻地感知到存在这一事实。

不做思考在这里意味着不去深思,不留滞于一个图像,不全神贯注。但是,与此同时,遐想见证了精神层面的某种活动:不做思考不等同于不做任何思考。卢梭"数千个杂乱而甘美的遐想"拥有主题,即便这些主题既不固定,也不持续。数以千计的遐想从何而来呢?我们如何从一个主题跨越到另一个呢?

弗吉尼亚·伍尔芙的小说《墙上的斑点》描述了遐想的流动。坐在炉火旁的讲述者点上一支烟,透过螺旋状的烟雾看向壁炉。她先是看到了正在燃烧的炭块,城堡塔楼上飘扬着一面鲜红旗帜的幻觉浮现在她的脑际,她想到无数红色骑士潮水般骑马跃上黑色的岩壁:这些孩童时期的幻想,以一种自发的、与她无关的方式鱼贯而出。接着,她抬起双眼,目光被壁炉上方十五厘米处一个小的圆形印迹所吸引。她起初认为这是一个钉子留下的痕迹,但是它太圆、太大了,且有一点鼓起,更像是一片黏在墙壁上的玫瑰花瓣所形成的。灯影变幻下,这个印迹投射出一片阴影,又仿佛是一座小小的古冢。最终一个人进到房间,说他想要买报纸,还问道为什么墙上会有一只蜗牛。

钉子留下的空洞、玫瑰花瓣、古冢都是由对印迹不同的感知而产生的图像,其中每一个都能引发长远的联想。离壁炉如此近的钉子本不可能是用来挂油画的,而是用来挂一些小型肖像画,可能是一幅鬈发上扑着白粉的妇人的肖像画；一片玫瑰花瓣应该是能够待在墙上的；讲述者不喜欢做家务，因而壁炉上堆积着灰尘，这让她想到了特洛伊的毁灭；印迹有可能是一座小古冢这点引发了对古物收藏家挖掘工作的联想，继而她想到一位英国乡下古物收藏家的一生，又想到展出纳尔逊用来喝酒的酒杯的当地博物馆。讲述者不确信的感知和犹豫还引发了其他联想：她可以肯定即便是起身时，自己也不能确定是何种物件留下了这个墙上的印迹。她想到了人类的无知，她在一生中丢失的所有东西：三个精致的工具盒、鸟笼子、冰刀鞋、珠宝。她吃惊地发现自己身上还穿着衣服：生活，"就像一个人以一小时五十英里的速度被射出地下铁道，从地道口出来的时候头发上一根发针也不剩"。

讲述者的所有感知在遐想中彼此融合，带给她新的驱动：树枝轻柔地拍打着窗玻璃，她试着集中注意力在一个想法上，通过想象莎士比亚的一生，稳住自己的思绪，但随后她又发现这是个沉闷的历史虚构，丝毫引不起自己的兴趣，于是又重回到墙上的斑点，如同在大海中抓住了一块木板：这个感觉令她体会到一种现实感。她想到森林，想到树木，想到一棵树的经历，想到木质细密干燥的感觉，想到它渗出的甜丝丝的浆液。在冬天空旷的田野上，树木如同一根空荡荡的桅杆；而在夏天，树木能感觉到树干上昆虫冰冷的四肢，随着最后一场暴风雨的袭来，树木倒下，它的枝条陷进土壤。

这篇文章是令人困惑的，因它描述的仅仅是由壁炉上方的印迹所牵引出来的联想。我们不能把故事概括为：讲述者在长久地盯着墙上的印迹之后，最终发现这是一只蜗牛。这样的梗概不能涵括文章的精髓，即遐想的活动。遐想有着不同的路径。讲述者想要避免的是来自童年的自发联想——城堡和骑士——这不能够引发遐想，而只能算作一个回想；她同样想要避免构架抽象的历史虚构——比如一个虚构的莎士比亚的故事——在虚构中，精神独立于现实感知进行思考。为了追随遐想的真实路径，我们需要任由思绪控制一个对象，"轻松地从这件事想到那件事"，"深深地、更深地沉下去，离开表面，离开表面上的生硬的个别事实"。这需要让我们的精神自由地关联图像，不受介入，也不试图操控。不被意识掌握的图像，正如那些已经丢失的物件，正如屋子里的这粒灰尘，正如考古博物馆里存放的古物。所有我们抓住的物件都可能是开启遐想的契机。着迷于遐想的诗人亨利·米肖写道："好好训练，我们能够从任何事物之上开启遐想的梦境：一座村落，一张面孔，一个梨子，一只苍蝇，一片树叶，一扇玻璃，一条大路。"

弗吉尼亚·伍尔芙在其众多作品中所描绘的遐想的流

动,被人们称为"**意识流**"(the stream of consciousness)。写作者不能提前决定她要书写的内容,也不会理性地搭建一个具备逻辑的故事,并在其中预设一些转折。她会看着墙上的印迹,任由图像来到她的头脑中,然后极尽发散地追随这些联想,无论它们是何等怪异。遐想中的思索追随了一条与理性思维不同的轨迹。当我们集中注意力于一个理论问题时,当我们理智思考时,为避免混乱,我们会区分并且理顺这些需要处理的问题。我们划定范围和界限,指出两个有着相似属性的物件并不相同,指出两个偶尔替换使用的单词并非同义。相反,遐想会从一个感觉滑跃至另一个,从一个单词跳转到另一个,它拒绝分隔事物,好似事物之间有着连贯性。是什么使得这些跳跃变得可能?这种意识的流动表明了何种真实呢?

莱布尼茨[注1]通过分析**微知觉**(petite perception)对意识流进行解释。微知觉,即那些参与到意识感知的构成,但未被我们察觉的知觉:我们看到的绿色由蓝色和黄色组成,但察觉不到;我们早已适应马路上的喧嚣,以至于不再能听到汽车的噪音;享受一块巧克力蛋糕时,是一小撮盐粒和一点咖啡使它变得如此美味,我

【注1】Gottfried Wilhelm Leibniz(1646–1716),德国哲学家、数学家,与牛顿同为微积分的创立者。

们却无法品尝出它们的咸和苦。集中注意力,或许能够察觉到这些微知觉的存在。即使我们不能把它们全部辨识出来,也可以精炼视觉和味觉的感知,亦能够听到引起我们注意的声音。

这些微知觉在精神层面制造出一些混乱的感觉,被我们形容为"**不知为何**"(je ne sais quoi)。因为包含诸多元素,我们无法对这种因感知的模糊混杂而产生的状态进行分析。"不知为何",我们会对自己刚刚结识的人感到友善或反感;"不知为何",我们开始喜欢一本书或一部电影。这些微知觉也源于一些非自发性的想法,它们"未经召唤就降临到我们身上,像是在梦中"。莱布尼茨继续道,这些想法在德语中被称为"Fliegende Gedanken",这个词组用来表达"飘渺的思绪,一些不在我们控制之内的想法"。这些我们无意识的感知,这些我们无法控制的想法,同时表明了意识的连贯性和事物本质的延续性。当我们用抽象方式进行理性思考时,会发现事物之间存在不协调的些许联系,我们不应该忽略或蔑视这些联系,因为它们能够接合我们的思绪。

抽象思维搭建起我们的理性构架,但它也剥除了离题的部分,可能成为一种忽视感官和经验宝藏的浅薄的思维。在声称对彼此毫无关联的两个问题进行比照是荒谬的做法之前,我们应当自问,同时想到这两个问题这一事实本身是否就能够证实两者之间存在纽带？法语中，动词"songer"是存在歧义的：它能够表示"做梦"，不论白天黑夜，也能够表示"深层地思考"。而这两层意思可能并不像它们表面看来那样对立。让我们的想法自由连接，不去试图掌控自己推理的过程，或许能够获取一些出人意料的、新鲜的想法，让我们以不一样的方式去感知真实。

遐想因此既成就了另一种形式的文学创作，也成就了另一种形式的哲学思考：图像的自由连接对应着假设和概念的自由连接。《墙上的斑点》中的讲述者并非无所不知，她任由图像在笔下相继涌出，按照它们在头脑中出现的顺序，顺应着自己意识的流动。相似的，在《对自然的解释》中，德尼·狄德罗写道，他将"让这些思想就照着对象在[他]思索中呈现的次序，在[他]笔下接连出现"。狄德罗并不意在操控对于自然的解释，书写一个崭新的、包罗所有自然现象的体系；他的著作并非详尽无遗，他邀请读者进行续写。博学者并不总是能通过研究收获他所预期的结果。他需要考虑所有的实验，而不是摒弃那些不符合自己体系的实验。他需要注意"在头脑中经过的一切显得杂乱无章的东西"，需要注意"一连串基于这样一些对立或者相似的猜测，这些对立或者相似是这样远，这样不可知觉，以致一个病人的幻梦既不会显得更奇怪，也不会显得更不连贯"。

这种思维方式的出现丰富了哲学与科学的体系，而在十七、十八世纪，哲学又与科学紧密相连：哲学家都是学者或在科学上有着巨大建树。狄德罗通过探寻物理学家、化学家、自然科学家的实验来解释自然。而在他的时代，学者求助于牛顿力学体系来解释所有的自然现象：万有引力定律不仅让他们能够理解星球的运转——宇宙的重力，还能够理解电或者磁的引力斥力、化学反应以及生命体的形成。狄德罗自身也十分关注所有这些独特新颖现象的方方面面，然而用引力来对它们进行解释等于忽略了它们的特殊性。因此，他构建出化学与自然历史方面的新假设去研究化学亲和力，即化合物的定性差异，而不是将其还原为一个数学运算。他通过研究物质的质量，探索生命体的构造原理。

认真对待我们头脑里闪过的所有怪诞想法，就是认为，对思想进行分类和组合的并非哲学家本人，而是前一个思路和实验中所产生的想法，这个过程不受支配和操控，思想更不会因此变得贫瘠。狄德罗在对话集《达朗贝尔之梦》里集中实验了这个方法。一天晚上，狄德罗和达朗贝尔就灵魂的存在和它的角色展开了谈话。对于狄德罗来说，人只有一副躯体：物质能够进行思考，不需要附加一个精神意义上的灵魂。而达朗贝尔认为，主张人是由一个灵魂和一副躯体组成，如同主张人只有一副躯体一样困难。很难去理解精神灵魂能够合并于躯体之上，对它进行引导，接受它的影响；亦很难去理解物质能够感知、思考和进行推理。达朗贝尔困了，然后睡去。在夜间，他梦到了狄德罗的假设和论证，反思了物质的**感受性**（sensibilité），思考一个缺失灵魂的人如何能够获得**同一性**（identité）。他在梦中大声叫嚷，而他的朋友朱莉·德·莱斯比纳斯[注1]害怕他病得严重，便守在他的床头，然后不安地记录下他的话语。达朗贝尔的梦境一直延续到早晨，梦中的画面持续存在。醒来后，达朗贝尔对自己在梦中提出的想法和自己在做梦时的思考方式产生了疑问——狄德罗的话语被灌输至他身上，继而不受控制地产生了效果：我们的想法通常是一个自身无法控制的提炼过程的结果。

欧洲最伟大的几何学家之一达朗贝尔在梦中说话，牵引出一系列不受他理性思考控制的论述。那些归于他精神的想法既不是被证明的，亦不是被预先安排的。身处如此这般南辕北辙的多种观点的拉扯之中，达朗贝尔还是他自身的主人吗？他的**本我**、他的**个体同一性**（identité personnelle）从何而来？如果他的理性和意志不能控制他的思想，如果他的想法是经历和感官碰撞的结果，是否存在一丁点的同一性呢？如果他的意识是流

【注1】Julie de Lespinasse（1732－1776），法国启蒙时期的沙龙主人、作家，以书信最为著名。

动的，如果他的思想是一种运动，他又如何具备同一性呢？他又如何能感受到持久的本我呢？难道他不会像自己的经历一般多变吗？他如何对他人和对自我保持一致呢？因而，同一性可以通过记忆与转化的迟缓得到解释：如果已经全然忘记了过去，我们将不再有身份的同一性；如果一瞬间从幼年进入衰老，我们将不再能构想自己的身份；当长久没有见到某个人，我们可能不再认得他；当想到童年时候的一种味道、一个感觉，我们可能不再认得自我，或许会思考为何自己渴望这样一件东西、想要像这样一类人。本我不是一种唯一的本源，而是感知和回忆的合集。

意识流能够让我们接触到感性经验的宝矿，这些宝矿在我们对抽象概念进行理性思考时被弃置一旁。任由我们的想法延展，不去试图操控它们，才能拓宽思考和认知的界限，并让我们亲身发现探索自我的另一种方式，这不是一种**稳定的永恒**，而是一种**动态的平衡**。如果任由闯入头脑的思想牵引，如果它们能够在我们身上产生作用，白日做梦就会是一种十分深刻的经验。

最美好的生活就是由我们所创造的那些。

——阿贝尔·德乌斯，来自电影《自制英雄》

自导自演

在让-雅克·桑贝[注1]的作品集《圣特罗佩》中，一对跨页图展示了一片巨大的海滩。左页上有两个女孩，玛格丽特和塞尔维；右页上有两个男孩，加斯帕德和杰罗姆。塞尔维对玛格丽特说起了杰罗姆，而杰罗姆对加斯帕德谈起了塞尔维。左页包含超过十五张小图，它们搭建起了叙事：塞尔维在一次派对上碰到杰罗姆，两人一起到花园里抽烟，他说她有好看的眼睛。他们在

【注1】Jean-Jacques Sempé（1932- ），法国漫画家，以《小淘气尼古拉》为世界熟知。

明亮的月色下散步，他想要吻她，而她扇了他一巴掌，然后逃走。几天之后，杰罗姆又去找塞尔维，在她面前下跪恳求她原谅，之后，他开车把她带回家。他们在一间浸满月光的屋子里做爱。清早，塞尔维起身离去，不再回电，拒绝跟杰罗姆说话，电话一直处于挂断状态。最后几幅图片展现了堆积在电话旁边的花束和蛋糕。玛格丽特平躺在沙滩上，热切且专注地聆听着；而在右页中，只有一张同样出现在左页的图片：塞尔维和杰罗姆在浸满月光的屋子里做爱。杰罗姆和加斯帕德想到这幅场景的时候，放声大笑。

桑贝的画集不包含任何文字，我们通过图像理解故事。而这些图像将故事分成两种层面的**展现**（représentation）：现实作为基础——塞尔维和玛格丽特，杰罗姆和加斯帕德都待在沙滩上，他们聊天、他们聆听、他们发出笑声；在现实之上，图像详述了一个爱情故事。杰罗姆和塞尔维作为讲述者，在各自的记忆中选取了对他们来说重要的部分，然后转换为对经历的讲述。**讲述**（raconter），就是通过选取片段，为它们赋予逻辑，组织起一系列事件；故事正是因为有了讲述者才能够存在。原始的现实绝不取决于讲述的顺序；即便是纪录电影也要基于**阐释**（interprétation）——图像的选择，叙事的构建。没有这些条件，被展示的事件永远都将是晦涩难懂的。杰罗姆的讲述显然比塞尔维简短很多，尽管如此，这仍是一个故事，讲述了一场引诱。

塞尔维不满足于只展现那些回忆，她感到强烈的意愿，想为自己的故事添加些外围的想象，将它美化，将自己的叙述转化为连载小说，兴高采烈地在其中混杂亲身体验与创作：塞尔维不单单是一个故事的讲述者，她在**自导自演**（se faire un film）。

塞尔维讲述的东西没有什么新奇之处：一系列的陈词滥调，从"你的眼睛真美，你知道么！"这种程式化的形容到一个用耳光抵抗亲吻、不把情人送来的礼物拆包的女孩的刻板形象。我们习惯了这些出现在众多电影、故事、图像小说中的陈词滥调，这都是一些很容易进入精神层面的印象。正如我们的感知常常混杂着现实与想象——我们通过习惯、能够解释自己所见的知识进行感知——我们的联想同样混杂了所见所知，我们所经历过的，或者所想象到的。我们根据先前的经验进行推测，又根据自己的认知——读过的书、看过的电影——来连接这些想法。我们的体验不仅来自现实，也来自想象：来自亲身经历过的，也来自通过讲述，甚至通过幻想所间接经历过的。

然而，在构建一种被十七世纪哲学家弗朗西斯·培根[注1]称为"幻象"（idole）的东西的过程中，我们非

【注1】Francis Bacon（1561-1626），英国著名政治家、思想家和经验主义哲学家。

常轻易就混淆了来自自然的和来自精神的事物。一些迷惑性的图像，看上去似乎是对现实的完美拷贝，实则是对现实的翻译或者转化。常常在无意识的情况下，我们不断混淆着那些来自外界现实的事物和来自内在精神的事物。幻象甚至成为感知的条件：声称我们摆脱了它们是一纸空言，缺少幻象的头脑是无法观察或者认知的。有些幻象源于我们的本性——我们的感觉，我们的知性；另一些被培根称为"**洞穴幻象**"（idoles de la caverne），则取决于我们的受教育程度、生活环境和我们的学识。我们在自己的洞穴中堆积图像，通过这些图像破解现实。我们错以为这些图像是归属于自己的，是私有的，因为我们挚爱它们：它们要么依附于一些美妙的回忆，要么依附于美好的书籍或者电影，甚至依附于我们认同的英雄、想要模仿的主人公。我们在自己的洞穴中存储这些图像以便自导自演，或者更确切地说，让它们在我们身上自然贯通，不停地创造出影像。

小孩子的洞穴中满是邪恶的狼和善良的熊，满是印第安人和牛仔、仙女和公主，他们用这些创造游戏或者虚构故事。一个孩子能够根据游戏将空间转化：他骑在一根老旧的扫把上，自称是一位在亚利桑那峡谷深处追捕歹徒的警官。地毯变为沙漠，座椅变为房屋，他的指头就是手枪。他也能杜撰，能向别人编造并且解释自己如何在上学途中遇到危险的歹徒，却又因为印第安西乌人的计谋而成功逃脱。他开心地重新运用着看到过的、人们给他讲述过的那些连串的图像。游戏或者虚构不是对先存剧本的简单再创作：模仿，并不是复制。孩子即兴发挥、创造，在头脑里已有的框架上改编自己的故事，如同一位即兴戏剧演员。

从孩童时起就有的这种模仿本能和人从模仿中获得的快感，在亚里士多德看来，是"**诗艺**"（art poétique）产生的两个自然原因之一。如今，这个比"诗歌"（poésie）更为广义的名词，代指诸如故事写作、寓言写作、戏剧剧本、音乐剧、编舞等等艺术形式。人类自发的即兴创作是诗歌最初的起源，继而才是藏于艺术家身上的天赋异禀："人对模仿，对旋律和节奏有着自然的天性，在诗的草创时期，那些在上述方面有着天赋的人们才能取得点滴的进步，并且从他们的即兴创作开始，促成了诗的诞生。"所有人都能够进行诗歌的即兴创作，并且自童年开始就可以从中获得乐趣。只有艺术家才会通过方法、学习和技巧发展他们虚构的本能。

获得一项技巧意味着学习和研究其他艺术家的作品。没有任何虚构毫无源头：小说家借助自己的经历，尤其是阅读经历，来创作新的故事和新的人物。在《人生拼图版》中，乔治·佩雷克讲述了一九七五年六月二十三日二十点，于巴黎西蒙-克鲁贝利埃街十一号的一幢公寓中发生的事情。读者将会看到这幢公寓被纵向剖开，揭去立面,进而可以参观其中一间又一间的屋子:书中九十九个章节讲述的故事发生在公寓不同的房间内。每个房间都是被书写下的一个故事,一种写作形式的实现,一种与文字建立的关联。在这本自称是"小说"的作品中,佩雷克极尽所有可能的写作形式:列举(尝试盘点在楼梯间发现的所有物件);描述(地下室储藏的全部物品);记叙(楼房住户现在或者过去发生的奇遇);虚构(一位女歌唱家的两个孙女各自编造了复杂的故事,用于解释外婆如何获得了一件绿缎室内便袍,衣服背面绣着一只猫影以及象征扑克牌黑桃的图案)。乔治·佩雷克出色地模仿书目记录、人名录或技术说明,参照爱情故事或侦探小说的写作形式。他在作品中运用图像指涉、电影关联、文学隐喻、隐藏引用,诸多种种来自他内在洞穴的宝藏,简直可以称得上是阿里巴巴的宝藏。他提醒读者"电影和文学之间的密切联系给他提供了这本书中的几个人物形象",而"所有其他与现世人物和那些或真实或虚幻存在过的人物的雷同都纯属巧合"。真实人物和文学或电影的主人公被相提并论:对于作家而言,现实和虚构发挥着类似的作用。这本书中,没有任何内容来源于即兴创作,也没有任何内容产生自随机的偶然:引用,暗指,房屋布局等等,都经过考究的编排计算,而每个章节需要首先遵循明确的总体约束。同样,章节的排序也要遵循相应的约束:作者的描述须经过所有的房间,并无权再次进入同一个房间,就像国际象棋中走马步的骑士那样,从一个空格跳向另一个。

佩雷克的人物会自导自演,并且编造出虚幻的故事来填补人生中真实故事的空缺。韦洛尼克·阿尔塔蒙是前舞蹈家布朗丝·卡台尔和国际专家西里尔·阿尔塔蒙的女儿。她的父母相处得并不愉快,且父亲几乎总是不在巴黎。韦洛尼克·阿尔塔蒙记得自己向来维护母亲,厌恶父亲,她把阿尔塔蒙这个姓划掉,叫自己韦洛尼克·卡台尔。母亲总在手腕处系着一条细细的黑纱,于是她构想了一个故事:她不是西里尔的女儿,而是另一个男人的女儿,西里尔用自己的行为惩罚着妻子的不忠。翻阅母亲的物品时,在两本老旧的影集中,她的所有发现都能印证这个自己编造的故事。然而某天,她在废纸篓里找到了父亲写给母亲的一封信,才意识到真相"和她的想象完全相反":西里尔确实是她的生父,在他们结婚前,她的母亲有过一个因无法接受她流产而自杀的情人。为了流产手术,母亲寻求西里尔的帮助,随后又因他对自己的帮助而心生怨恨。

自导自演,即想象,也就是沉浸于自己的游戏。如同法国导演雅克·欧迪亚[注1]的电影《自制英雄》中的主人公那样,**构建虚拟的人生**。电影讲述了骗子阿

【注1】Jacques Audiard(1952-),法国电影导演、编剧和制片人,曾获得戛纳国际电影节金棕榈奖。

贝尔·德乌斯的故事，他总认为现实生活令人无法忍受，而"最美好的生活是由我们所创造的那些"。阿贝尔的童年在谎言中度过：他以为自己的父亲战死在一九一八年，但其实他死于肝硬化。阿贝尔扮成拿破仑的样子跟小兵玩耍，他假装会吸烟、会打网球，但其实一直没能变成一个真正的英雄，他在战争开始时就退役了。一九四四年，他发现自己的岳父曾是法国抵抗运动组织的一员，但从未向他提起过。阿贝尔因此决定为自己编造英雄般的生活，并且成功扮作一名前抵抗运动组织的成员。他进入临时政府，最终谋得幕僚的职位，并以中校的军阶被派往德国。阿贝尔从此成为一个有着丰功伟绩的英雄，迷惑了他的大部分同僚：他们最初因他的行事风格而恼火，但逐渐就被他征服，甚至开始尝试模仿他。

自导自演无疑给阿贝尔带来了巨大的愉悦。观众不仅能体会到冒险的快乐——和阿贝尔一起感受肾上腺素阵阵激增，还能感到智慧而狡猾的反驳台词所带来的乐趣，因为这些台词，阿贝尔打消了那些潜在揭发者的疑虑：在杜撰和操控的游戏中，阿贝尔成为主宰。但是，创造和想象并不能完全取代生活，阿贝尔可以继续书写他的故事，扮演他自始至终未曾成为的英雄角色，但现实很快撕下了他的面具。在电影的最后，阿贝尔爱上了一个女人，对她绝口不提关于自己生活的只言片语实在是太难了。而他的同党们找到了藏在乡下的法国老兵，这些老兵于战争后期应募加入党卫军"查理曼"武装掷弹兵师，在德国人一方进行战斗：阿贝尔需要击毙他们。面对爱情和死亡，他不再能够承受自己编造的角色，于是自首，并且接受了法庭的审判。

通过讲述生活，通过自导自演，我们编造了个人生活的全部篇章，我们填补了空白，试图在自己经历的事情当中找到一致性，但是我们仍不能够领会自身的全部存在。生命中的某些元素总是被我们遗忘，而故事也不能够涵盖真实。《人生拼图版》充斥着一种巨大的忧伤：我们再也不能知晓一九七五年六月二十三日二十点，在巴黎西蒙-克鲁贝利埃街十一号所发生的一切，我们只能看到建筑里的一小部分，还有居住在其中的人们生活的片段，却不能够搭建整体。正如本书的主人公巴特尔布思那样，他毕生都致力于恢复五百版根据他的画作制成的拼图，但直到死前仍未能完成计划。

世界之梦

· 梦想另一个世界 · 疯言疯语 ·

……我仍然有一个梦想。这个梦想是深深扎根于美国的梦想中的。我梦想有一天,这个国家会站立起来,真正实现其信条的真谛:"我们认为这些真理是不言而喻的:人人生而平等。"

——马丁·路德·金

梦想另一个世界

加布里埃尔和热雷米正在观看扬·阿尔蒂斯-贝特朗[注1]的《家园》:电影同时呈现了地球壮丽的风光和人类对自然造成破坏后的可怕景象。利益的竞赛与财富的创造毁灭了星球。大气变暖,极地冰川融化,海平面上升。狩猎和捕鱼,还有对自然环境的改造,使得数十类物种灭绝。为向欧洲供给牲畜饲料,亚马逊丛林渐渐被大豆种植地取代。电影镜头持续俯瞰着这实施无情毁灭的幽灵,以及它导致的一系列不可避免的过程。面对

【注1】Yann Arthus-Bertrand(1946—),法国摄影师、记者和环保人士。

这些末日般的画面，除了绝望，难道我们再无其他感受了吗？想象另一个并非空想的世界是可能的吗？

十六世纪初，英格兰的托马斯·莫尔爵士[注1]出版《乌托邦》，在书中批判了资本主义经济的萌芽。这种萌发过程以大部分人破产为代价，却富足了个别大资本家。企图在羊毛贸易上投机的贵族开始促进畜牧业的发展，通过圈地运动，耕地变为牧场，穷人既没了耕地也不再有机会放牧家畜。绵羊变得凶残而贪婪，甚至能够"吃人"，而本该是英国财富与繁荣来源的羊毛，却因少数大资本家无所顾虑的利欲酿成灾难。

在莫尔看来，私有财产和想要积累财富的意志均源于英格兰自知的政治顽疾。为了建立平等繁荣的体制，就需要取消私有财产。莫尔描述了一个想象中的岛屿——**乌托邦**（Utopie），它坐落在腐败英国的对立面，接受良好的政治原则的管理。在乌托邦，人们追求的是繁荣而不是奢靡。乌托邦首都名作"亚马乌罗提"（Amaurote），字面意指"无光泽、不发亮的事物"。城中所有的谷物都被用来制作面包，所有的生产都只为生活所需。每个乌托邦人都得劳作，每日六小时的工作可以充分保障居民衣食富足。法律建立了公民之间严格的平等：他们没有任何私有财产，亦没有任何方式区分

【注1】Thomas More（1478-1535），英国作家、社会哲学家和空想社会主义者。

彼此；房门不需要钥匙，居民每十年通过抽签交换住处；所有的乌托邦人均穿着同样风格的自制衣衫，而住在城里的去公共食堂用餐；每个人都长久处于他人的目光之下。金银是被轻视的，乌托邦人用它们为囚犯打造溺盆和镣铐。

乌托邦的政府由一名智者，即国王乌托普组建，他理性地教育子民，使他们因善谨慎行事。政权的根基是**认知和理解**。当然会有一些人因践踏法律而遭受惩罚，甚至被贬为奴隶，但这些只是特例：杰出的教育和对公民行为的持续监控能够在最大程度上避免僭越法律。

这个岛屿仅是想象中的吗？莫尔笔下的不少线索都会使人认为这个智者政府只是虚构："乌托邦"，按照字面理解是"不存在的地方"；岛上主要的河流叫作"阿尼德罗"（Anydre），意为"无水的"；描述岛屿见闻的旅行者叫作拉斐尔·希斯拉德（Hythloday），意为"空谈的见闻家"。人们向拉斐尔提议变革英国政府，而他却认为将自己的休息时间牺牲在公共事务上是无用的：英国需要一场革命，却没有人准备好将革命付诸实践。变革只会带来无益而又无用的折中。但莫尔提到，即使乌托邦的立法因为笼罩在英国的腐败制度之下而无法施行，那么这种法律本身其实也并非不适用：它给那些有勇气将其落实的人们开辟了一条切实的政治途径，也正因此，这些人将自身与其他人区分开来。乌托邦最开始是一个半岛,掌握组织机关的乌托邦立法者命令公民挖出一条峡道,切断了它与大陆最后的联系。

乌托邦人聪慧的生存之道在于他们知道何为公共利益,并明白为其**奉献**就足够了:他们的热情仅仅羁绊了理性思维的运作。在这些人身上,没有任何情感会使他们偏爱自己的个人利益胜过公共利益,使他们的自我评估高于其他人,使他们想要比其他人更占优势,或使他们独自占有某物。抽签决定住所和共餐制的设立在乌托邦没有遇到任何困难。我们或许可以自问,自己是否愿意每十年通过抽签来交换房屋,和其他人穿同样的衣服,坐在一起吃饭,不断处于他人的目光,即监督之下?这个问题在莫尔看来就是我们腐败的标记。但他作为美梦加以描画的乌托邦世界,对我们来说,难道不正像是一场噩梦吗?

莫尔认为人类的大部分**情感**(affect)均为罪恶,而智者教育能够对其预防。但是,这些情感真的就是罪恶吗?我们深陷其中,因错误而堕落,可如果表现出一点反思和愿望,是否就能够避免呢?或者,所有的一切都是我们的**天性使然**。在《政治论》中,斯宾诺莎把这些情感作为无法与人性剥离的品行进行了分析:他避免对人们的品行"加以嘲笑、表示叹惋,或给予诅咒",而力图从中"取得真正的理解"。所以,他认为主张一种乌托邦社会是荒谬的。的确,乌托邦的公民都被智者管理，但能够被智者管理是因为他们均被视为理性的人。然而，如果人能够在了解理性之时便遵循理性，那他们就不再需要法律，他们能够从自身出发做好的和有益的事。乌托邦人以道德的方式自发行动，政治因此变得无用。但是，正因为人类是"本质上彼此的敌人"，而且极其可怕，甚至"比其他动物更加狡猾和诡诈"，那么就必须建立起政治体系，树立法律约束他们过符合公共利益的生活。

这是否意味着政治的梦想是荒谬的呢？政治是否只需要满足于寻求有效的务实途径，顺应现实的境况来管理人民呢？既定的体制是否无须任何改动？

在斯宾诺莎的时代，既定的体系依赖于两个阶级的划分：那些指导国家事务的人和那些被管理的人。第一等是贵族，他们具备足够的认知和明智运转政治；第二等为人民，他们缺乏判断力。贵族统治者因此能够独占政治权力。而斯宾诺莎认为所有人的本性是一样的，所以他否定了这种阶级划分。认同人类必然的情感使其偏爱个人利益多过共同福利，并不等于认同人类在本质上是不平等的。人民无疑会有某些缺乏公民品质的举动，但这不是出于他们本性的不足，而是政治带来的结果：被剥夺了一切信息的人民，没有任何方式去理性地在政治中做出判断，正如被控制为奴隶的人民无法获取自由。斯宾诺莎揭露了所有那些声称唯一具备统治智慧、认知和才干的人。一个国家的力量来源于国家成员的力量。阻止人民思考，削弱大部分公民的力量，这不是在保护国家，而是在削弱国家，最好的政府是那些由人民自由组建的政府。批判乌托邦，并非拒绝所有形式的政治改革，而是为了质疑那些既定体制的护卫者，那些为维系自身特权而拒绝任何改变的人，那些简单地将乌托邦定性为一场阻断他们利益的变革的人。

一九六三年，马丁·路德·金发表了著名演讲《我有一个梦想》。在法语中，我们通常将这个标题译为"我有过一个梦想"。但这里的动词应当是现在时，而不是现在完成时，所以正确的翻译是"我有一个梦想"，"**我造一个梦**"。梦想不是一个不可实现的幻想，一个随着白日到来而消散的夜梦；梦想是一个能在未来施行的方案：它不是虔诚的愿望，而是**政治纲领**。路德·金从回忆一个世纪前的《解放黑人奴隶宣言》开始演讲：如今，他想要把黑人从种族隔离和歧视中解放出来，正如《解放黑人奴隶宣言》把他们从奴隶制度中解放出来一样。他揭露了国家对于有色公民缺少承诺的事实，继而要求民主制度兑现所有的承诺：他梦想在佐治亚的红山上，"昔日奴隶的儿子将能够和昔日奴隶主的儿子坐在一起，共叙兄弟情谊"；他梦想在亚拉巴马州的腹地，"黑人男孩和女孩将能与白人男孩和女孩情同骨肉，携手并进"。他拓宽了"美国梦"，传递出信念和期许的启示。这个启示深深扎根于对上帝仁慈的信仰,以及对于美国民主制度的信任。二十世纪初始时,美国被欧洲的贫困人民视作一片应许之地。移民美国似乎是找到工作、从悲苦中解脱的唯一方式。在自由女神像的底座上,镌刻着艾玛·拉撒路[注1]的十四行诗《新巨人》,这个雕像欢迎着"那些疲乏了的和贫困的","那熙熙攘攘的被遗弃了的"人们,金色的大门朝向自由开启。埃利斯岛移民博物馆留存着移民初到时的惊人见证。在路德·金看来,美国梦表达了国家所坚持的民主制度的奠基原则之一,而他提出的梦想则代表着一种希望:在未来,人们终将携手,合唱一首古老的黑人灵歌:"自由了!感谢全能上帝,我们终于自由了!"

马丁·路德·金的演讲有着不容忽视的影响,它发表在美国首府华盛顿的林肯纪念碑脚下,在超过二十五万黑人和白人面前。一九六四年七月,美国国会通过民权法案,授予联邦政府权力以废除在公共居所的种族隔离,并禁止在公共场所和公司中推行种族歧视。一九六四年十二月,马丁·路德·金获得诺贝尔和平奖。尽管他起初的举动只是为了解决当地的纷争,却最终成功推广至全国,并成为一种象征。梦想让他扩大了现实的边界,但梦想无法取代现实:路德·金虽触及政

【注1】Emma Lazarus(1849-1887),美国诗人、翻译家。

治不平等的本质，却未能终结社会和经济上的不平等，他的成果在一九六八年四月四日因其遭到谋杀而流产。

路德·金被谋杀的事实说明构建一个政治梦想绝非易事：他的梦想既让那些不愿放弃任何权利的白人不满（谋杀他的罪犯正是一个白人种族隔离主义者），也令种种黑人组织不满——尤其是黑豹党——他们指责他的方法、他的中庸、他的和平主义、他的非暴力。梦想另一个世界同时意味着渴望改变现实，以及能够考虑到现实境况。缺少这一步，梦想或许便会转向一种令人不满的**妥协**，或是一种毫无效力的**不妥协**。

你在笑谁？换上另一个名字，这个故事说的就是你。

——贺拉斯

科幻小说是现实的一种展现。

——雷·布拉德伯里[注1]

疯言疯语

在巴黎大区快线上，马克读着雷·布拉德伯里的小说《华氏451》。主人公蒙泰戈是一位不再需要灭火——他居住的城市里所有房屋都做了防火处理——反而需要点火的消防员。拥有书籍是被禁止的：蒙泰戈焚烧了他能找到的所有书籍，还常常烧毁图书馆所有者的房屋，以惩罚他们的违法行为。在这个怪异的世界里，反思和慢步移动都是被禁止的——汽车驾驶员很可能因

【注1】Ray Douglas Bradbury（1920–2012），美国科幻、恐怖小说作家。其作品有《火星纪事》《华氏451》等。

为车速过慢而被判为违章——人们只需要自我消遣。在家里，客厅的墙壁都被宽大的电视屏幕所取代。蒙泰戈妻子的客厅里只有三面荧幕墙，她梦想着第四面墙最终也被改造完成的那天。因为这些荧幕，她能够直接跟电视节目主持人还有其他观众交流，他们之间彼此称呼"姑母""堂兄""堂妹"，组成了一个大家庭。马克想："多么荒谬啊！这本书全都是疯言疯语！布拉德伯里肯定是嗑药了！"

蒙泰戈心存疑惑，有意了解书中的内容。在一次焚烧图书馆的过程中，他偷出一本《圣经》，然后在火车旅行的途中翻阅起来："野地里的百合花怎么长起来。它也不劳苦，也不纺线……"他被回荡在火车上的牙膏广告打断了思绪。"关掉它！"蒙泰戈拼命地试图集中注意力。

与此同时，开始被故事吸引的马克听到一个女声在傻里傻气地播报："女士们，先生们，欢迎乘坐RER地铁C线。SNCF法兰西岛区域铁路祝您度过愉快的一天。"为盖过广播的声音，马克打开了他的随身听，但一位手风琴演奏者带着一个巨大的扩音器上了车。他合上书，再没有可能聚精会神了。

最初，马克认为这本书荒诞到引人发笑的地步：这是一个荒谬的、没头没尾的、和现实脱节的故事。这本小说描绘了一个既像美梦又像噩梦般虚幻而又支离破碎的世界，这在他看来属于奇幻小说（fantasy）的范畴。"fantasy"这个词在英语中既表示想象力，又代表一种取材魔幻和超自然力量的虚构文学。实际上，《华氏451》不仅很好地运用了不可能实现的科技，还借鉴了《机械猎犬》中的神奇动物，如有着卓越嗅觉、能够记忆一万种人类气味的巨型机器猎犬，它可以嗅出被通缉疑犯的线索，并在城市中无情地追随跟盯。尽管布拉德伯里还写了数部奇幻作品，但他仍然认为，《华氏451》是一部科幻作品，并将它和自己的其他作品对立起来，布拉德伯里说道："科幻小说是现实的一种展现。奇幻小说是虚构的一种展现。"

奇幻小说通常用以描述充满神秘力量的魔幻国度。相反，在《华氏451》中，所有看上去不真实的元素并不能归因于非自然因素，而是现实社会的隐喻表达。想象并不与现实背道而驰，它能够对现实进行不同描述，并为了解现实提供更好的手段。

一九五三年，布拉德伯里基于两条观察所得开始创作：电台和电视变得越来越重要；阅读的教育变得越来越低效。人们越是花时间看电视，就越没有时间去读书，尤其是越没有能力集中精力和反思。这当中相伴的诱因必然会引发相应的结果。《华氏451》中描绘的世界并不是荒谬的：它揭示了电视影响力、电视观众反思及思考能力减弱、人类间的虚情假意，以及焚书之间的既存关系。一个消防员是为了焚烧书籍而存在的社会图景，让我们注意到一种被忽视的毁灭，而这种毁灭比起一场火灾来说，确实不够引人注意。

此种写作手法早在赫胥黎[注1]的《美丽新世界》中就得到运用。在这两本小说描述的社会中，人们停止读书和思考，只享有一种消极的幸福。赫胥黎的作品首先关注**消费型社会**的生产和盈利模式。福特在其中扮演了上帝的角色，人们常常感叹"我们的福特"，就好像是在感叹"我们的主"——这样的类比在英语中很快就能被人理解，"Our Lord, Our Ford"。人们用T字标志代替了十字架：福特T型车，又名Flivver，使得福特汽车工厂大获成功。通过将工作分解，建立装配线，福特能够大大降低生产成本，并让这种汽车被美国广泛的大众接受，尤其是那些得到提薪的福特汽车工人。政治的基础是经济，目标是消费，国家鼓励所有能够促进支出的消遣活动。新的娱乐设备将不会被投入生产，除非它比市场上现有的设备更加消耗材料和能源。社会鼓励人们穿新的衣服，孩子们晚间会接受一种睡眠教学（sleepteaching），在睡梦中被不断强加各种口号——"我多想有新衣服穿啊！""比起保养不如舍弃！"成

[注1] Aldous Leonard Huxley（1894 - 1963），英国作家、人文主义者。其作品有《美丽新世界》等。

年后,他们自发地为了买一件新衣服而丢弃旧的,他们仅仅是在实践自己所受过的教育。

再一次的,剥除种种表象,这部小说描述的世界并非虚构:为对其进行批判,小说表现了赫胥黎时期实行的生产逻辑。一个依赖于利益以及财富增长的社会鼓励消费,也因而助长浪费。睡眠教学揭露了一个消费型社会反复灌输给社会成员的准则,而民众对此毫无所知,正如他们曾是那些睡着的儿童一般。

如果对非现实世界的描述能够成为展现现实世界的一种方式,作家们有时也会运用**超级写实主义**手法揭露他们生存的社会。十八世纪,乔纳森·斯威夫特[注1]出版了讽刺小册子《一个小小的建议》[注2]。他从一个现象出发:我们随处可见大街小巷遍地乞讨的母亲,带着衣衫褴褛的儿童,这些孩童对于国家来说,是过于繁重的负担,因而找到一种能让他们参与到社会财富中的途径关乎公众利益。斯威夫特声称,据伦敦一名医生证实,一个营养充足的婴儿在其一岁之际,无论我们用何种方式烹饪,都是味道极佳且安全健康的食品,把它用来做烩肉或是杂炖也同样可口。因此,斯威夫特建议我们将孩童

[注1] Jonathan Swift(1667-1745),英国作家、讽刺大师。
[注2] 书名法语原文系"Modeste proposition pour empêcher les enfants des pauvres d'être à la charge de leurs parents ou de leur pays et pour les rendre utiles au public"(为了阻止贫困人口子女成为其父母或国家负担,以及将他们塑造为社会有用人才的温和小建议)。

当作屠宰牲口那样喂养。

孩童的肉是一种能被投入市场的有利可图的产品。它滋补有方：一个家庭仅用一具胴体就能轻松烹饪出四道佳肴；它盈利有道：一个母亲花费两先令将一个儿童喂养至一岁，然后便能以十先令的价格交易。这笔生意运转起来相当容易：人们可以建造专用屠宰场，也可以直接买卖活体儿童，享用时现宰现做，当场就能把肉穿在铁钎上。

这篇文章让读者哑然：穿在铁钎上的孩童，用婴儿皮做的女士手套，或是孩童肉制培根，这些画面似乎既恐怖又丑恶，如何在这样的尺度下进行严肃的思考？斯威夫特严谨从容的叙事风格令人感到惊愕，甚至都不能够将文章归于黑色幽默的范畴。

但是争议何在？要么让孩子变得肥胖，要么使其肉质更柔嫩可口，斯威夫特给予母亲们的这两条建议附带指出，孩童的肉是昂贵的产品，适合大地主们购买享用，它们的肉质会令这些人满意万分："吸食"这些儿童父亲的骨髓之后，他们当然可以饱餐这些儿童。翻过一页来，我们同样了解到，这也是斯威夫特为了不削弱大不列颠人口，给予当时的爱尔兰王国的建议。

我们需要以迂回的方式阅读这篇文章：斯威夫特没有描写某种肮脏的政治制度，但他用形象的比喻和夸张阐明了英国政治带来的后果。大不列颠诉诸一种压迫式的统治方式，意图殖民爱尔兰，并使农民变为农奴。真正的丑恶即源于此。斯威夫特提出的这些解决方案和他的恶意讽刺，只会曝光并且揭露历史环境下的极端暴力：笼罩于爱尔兰的饥荒不是命运使然，而是英国政治制度的恶果，把儿童变为屠宰牲口，是对于爱尔兰人民所遭受的压迫政治的一种隐喻化阐释（traduction métaphorique）。

阅读这些文字，就是对虚构和真实之间的关系提出质疑。我们常常倾向于将一段故事定性为虚构的，因为当中包含了一些或美化或捏造的元素，便认为它们并不属实，且它们仅仅是一个故事。但虚构并不能因为非现实和怪异元素的存在而被定性：虚构也是一段**讲述**，一个集合。在《电影寓言》中，雅克·朗西埃[注1]提到"**虚构**"（fiction）这个词源于拉丁语的"fingere"，首先意味着"锻造"（forger）。他继而补充道："虚构，是为构建一种展现行为、集合形式、相互呼应象征的'系统'的艺术手法的运用。"读一本虚构小说，就是进入这个能让我们以不同方式看待世界的"**系统**"内部，要像理解一个整体的众多组成部分那样，去理解虚构小说内在包含的怪异元素。

[注1] Jacques Rancière（1940– ），法国哲学家。其写作内容主要集中于美学、艺术哲学、政治哲学等领域。

糟糕的社会形态经由恶托邦的描画被呈现为完美的社会形态。它声称保障个体幸福,通过提供有效方式以解决他们的困难,免除他们的烦恼:焚烧书籍,购买新衣,进食孩童的肉体。读者的第一反应会是拒绝这些看似荒诞不经的内容,他们在书中看到的是一个虚构且不和谐的乌托邦。比起作者,读者有着更为细致入微的**体察**,他们带着屈就的态度看待那些显然逃过了作者法眼的不可置信之处。作品带来笑料或是引发愤慨。然而,通过这些反应能够轻易地表现出:我们被故事扰乱了思绪,通过认定它是荒谬或是丑恶的,我们实际上在进行自我抵抗。在一部讽刺作品中,贺拉斯反击那些读过他的寓言并因此发笑的读者们:"你在笑谁?换上另一个名字,这个故事说的就是你。"

明白这些作品讲述的其实是我们自身,能够让我们发掘出它们严密的整体结构,让我们在对美梦或噩梦的描述中看到对于社会的迂回揭露。突然,作品不再是企图对现实进行描绘的一个遥远梦境,故事因此可以在我们身上产生作用:这些常常诉诸图像或是比喻的文字逼迫我们去**破译**、探寻它们代表的事物,逼迫我们思索。它们的分析已经过时了吗?或者,它们总能在我们生存的社会中得到印证?

因此,文字的效力因读者的破译而得到加强。伏尔泰在《哲学辞典》中写道:"最有价值的书籍,是读者自身能够补充完成大半部分的那些。"通过破译，读者将不会被作者的少数论证说服，而是将文字重新归为己用。如此一来，我们才能够对生活在其中的世界投以另一种审视。

欲望之梦

· 梦想拥有一件物品 · "西班牙的城堡" ·

膳食罗列当前时，我们不免要想，这是一条鱼的尸体，这是一只鸟或猪的尸体；这白葡萄酒不过是一束葡萄的汁浆，这紫袍不过是在蚬血里染过的羊毛。……对于那些看来最值得我们嘉许的事物，我们应当使它们赤裸，注意它们的无价值。【注1】

——马可·奥勒留，《沉思录》

梦想拥有一件物品

保罗和奥雷利恩在杂志上看到一则最新款手机的广告，他们为产品的出色外观和新功能着迷，想拼尽所能拥有一部。对于奥雷利恩来说，这只是一个梦，因为这款手机的售价过高。但保罗决定开始存钱，换掉自己的旧手机。

广告常给我们造梦，让我们产生一些渴望。我们认为拥有这样或者那样的一件物品，能够终结自己的不

【注1】此处译文系引自梁实秋译本，有删改。

满，带来一种慰藉与内在的平和。身外物对于我们的幸福来说，似乎是不可或缺的，我们认定它们能够满足自己最内在的渴望。但这难道不矛盾吗？一条针对数百万读者或观众的广告专为你制作？究竟是一种深度的缺乏解释了我们的渴望，还是一张漂亮的广告海报引发了渴望？

通过使我们相信自身是欲望的制造者，消费型社会创造了越来越多新的欲望：我们梦想拥有那些别人企图让我们购买的物品。美国哲学家赫伯特·马尔库塞[注1]在一九五〇年——如今他会如何评论？——分析了资本主义经济借助广告来创造**虚假需求**（faux besoins）的手段，而这些虚假需求被人们当作真正的需求加以看待：他们认为，当自己按照广告的指示去行动和消费时，就能够满足个人的欲望。广告语言运用了催眠话术：想想那些我们不经意间就记牢的诸多广告词吧。我们错认为这些话语针对的是自己，但它们实则试图触及最广泛的受众，以便把所有人培养为消费者。广告词刺激我们想要获取这样或者那样的产品，仿佛它们是为我们量身定做的。我们经常听到那些所谓个性化定制的广告语："为了您的舒适，酒吧车厢会延长开放十分钟"，"商

【注1】Herbert Marcuse（1898–1979），德裔美国哲学家、社会学家和政治理论家，法兰克福学派成员。

店为您挑选了一系列物美价廉的优质商品"。在听到这些广告词时，我们认定它们是对着自己说的，我们想着"我的酒吧车厢""我的商店"：广告语言促使个人就其所需履行的某些职责进行**自我鉴别**——如购买、旅行等等。网络上的广告则更具操控力，因为它们利用即时匹配，能够直接针对某一个体。我们购买时往往会点击页面上出现的图标"现在购买立减XX……"，所以我们在花钱的时候，还以为自己在省钱。马尔库塞在《单向度的人》中称：资本主义使人们处于**消费的单向维度**，即个体只作为消费者存在。在他看来，社会通过鼓励我们每天获取新的商品，通过向我们提供诱人的信贷，施行了一种设有圈套的**新型控制手段**，而个人对此毫无察觉。我们认为自己去购买这些或者那些产品是出于自由的意志，却无法看到，这样一种对于产品的欲望其实是社会制造的，而获取这些产品，会让我们担负持久负债的风险。通过把我们变为优质消费者，社会将我们归附于体系，并让我们喜爱自己的异化。甚至无须对此进行审查：因为不再有反对者。

多年前，索尼公司有这样一条著名的广告语："索尼，实现你所想。"（J'en ai rêvé, Sony l'a fait.）它让我们相信首先存在着一个梦想，继而这个梦想的实现基于一件超凡的产品：高科技的真实魔法。但是，这个梦想从何而来？如何理解我们在产品被生产之前，就已经渴望过它？是不是索尼猜到了人类灵魂深处隐藏的渴望？还是说，它在成功发明一件产品的同时，创造了对这个产品的渴望呢？消费者误以为实现了自我欲望的满足，却不过是成为市场策略的靶标。他们自认为是索尼所造梦境的主人。这种**欲望的幻觉**（illusion du désir），斯宾诺莎在《伦理学》中分析过：人们相信自己是自由的，只是因为他们能够意识到自己的欲望，而丝毫不知决定欲望的原因。他们把欲望本身当作了原因，想象自己可以不受约束地将其实现。相似的，在一个晚上，稍微多喝了一些伏特加之后，我可以感到一种愉悦，想要找到一个能够倾诉心声的灵魂伴侣。虽然遇见了一个算不上密友的人，但我感觉能用新的方式发掘他，并跟他讲述了我的生活。我不受约束地讲述，没有任何克制！然而第二天，我痛苦地后悔将自己如此和盘托出。我自知倾诉的欲望，却忽略了它的原因——伏特加带来的愉悦和无所顾虑——我把欲望当作了原因。同样的，我自知想拥有一部"PlayStation"的欲望，却忽略了这种欲望的原因是大肆宣传的广告，我把欲望当作了原因，并且相信在游戏机生产出来之前，我就曾梦想拥有它。索尼不是一位可以让梦想成真的仙女，而是一个试图创造新的欲望的出色卖家。

然而，实现欲望不见得总会得到满足。相反的，我们常因自己非常渴望的事物而感到失望。在罗沙蒙德·莱曼[注1]的《邀舞华尔兹》中，奥利维亚期待着她的第一场舞会。她做了漫长而详尽的准备：一个新发型、一件新长裙和一条花束腰带。她激动地等待着日子来临。然而，整个晚上，她都有一些失望：摊在床上显得如此美好的裙子却不合身，把她捆扎得太紧；跟那些没什么吸引力的人跳舞，她感到无聊，又不时强迫自己表现得开心一些。梦的实现似乎降低了梦的诱惑力或者吸引力；梦越是曾让我们感到美好，它的实现便越是让我们感到稀松平常。我们同化于渴望，就有可能为自己招致不少失落。

为何会有这样一种不满呢？"满足"（satisfaire）意味着"从中充分地获取，实现所需"。但是，如何知道何为**充分**？到底是什么样的标准能够让我们判定充分与否呢？斯多葛学派哲学家塞内加、爱比克泰德和马可·奥勒留通过对比真正的和虚假的财富来回答这个问题。**真正的财富**（vrai bien）能够让我们变得幸福，因其能为我们带来灵魂内在的平和，让我们"**不动心**"（ataraxie）：满足的状态即幸福的条件，意味着我们将不再被那些不间断的欲念动摇，而我们的灵魂也不再感到任何需要填补的空虚。**虚假的财富**（faux bien）徒有一个真正财富的外表：我们认为它能够带来平和，实

[注1] Rosamond Nina Lehmann（1901–1990），英国文学家、翻译家。

际上却远远不足够，当原来的欲望被满足，又会创造出一个新的欲望。正如神话中的达那伊得斯姐妹，如果试图填满一个底部穿孔的木桶，我们将永不能获得幸福，而仅仅是做到了自我逃避。我们想要找到一种身外的满足感，却总是落空：想想哈利·波特的表哥达利，在生日当天的早上发火暴怒，只因为他今年收到了三十六件礼物，而去年收到了三十七件。

我们的梦想经常混杂真正的和虚假的财富，那些能够满足我们的欲望和那些由社会制造的欲望。因此，需要分辨欲望的真实性，还要杜绝那些广告施加于我们的话术。马可·奥勒留写道，为了变得幸福，人们需要审视事物的表征，不去混淆真实（réel）和真实所投射的**表象**（représentation），不去混淆对于真实的纯粹描述和基于现实所虚构的自我说服。我们渴望着那些人们向我们吹嘘为精妙和稀缺的营养品：配着鱼酱的高汤或者马可·奥勒留时代的法兰尼红酒，如今的香槟或者鹅肝。这些精致的菜肴本质上就是动物的死尸、发酵的鱼肉、葡萄的汁液、被残忍催肥的禽类肝脏。我们渴望着一件绛紫色的漂亮衣衫——对于一个罗马人而言，不会有什么比这更高贵，但它却只是浸泡在蚬血中的羊皮。我们渴望拥有一部新型手机，为了能够接入网络，与所有好友保持持久的联系。但它只是帮助我们对别人说："你知道我在哪儿打给你吗？""我们几点见？""你在哪儿？"表征仅仅告诉我们：我是动物的死尸，我是腐烂的鱼类做成的酱汁，我是病变的肝脏，我是羊皮，我是一件能够用来打电话和上网的、昂贵而脆弱的物品。是我们赋予它们一种价值，一种精致，一种奢华或者是一种即时通信的重要性，然而这些想法对于客观的表征来说，都是不相干的。

为审视我们内心的表征，爱比克泰德建议我们搭建一座**内心的堡垒**（citadelle intérieure）。堡垒中的哨兵对每一个表象说道："请出示证件！"我们因而能够区分物品带来的表征和那些因外在影响所附加的表象。在了解到对某些物品的欲望使我们变得不幸之后，我们将驯服自己的欲望和冲动。这项工作绝非易事，需要不断进行自我训练，在任由自己被广告吸引之前，对它说："请出示证件！你想让我购买什么？是一件有用的物品，还是一件没有任何用处、很快令我失望、最终会被我丢弃在衣柜最上层的物品？是一件能够满足我的欲望、让我获得幸福感的物品，还是一件只会制造出新的欲望、最终令我变得不幸的物品？"

塞内加在《论生命之短暂》中解释说生命并不短暂，是我们将其变得短暂：人必有一死，却期望永生。我们不停地从一个欲望奔向另一个：想要某样物品，可一旦拥有，它又不再令我们感到满足，新的欲望随之产生。我们勉强达成一个自己既定的目标，又想去实现另一个。政治家永远不可能结束他的生涯——甚至被选为总统,他也想要获得连任。一个伟大的征服者将不停地扩张他的帝国。一个收藏家将不停地补全他的藏品:他为此拼尽所能,然而一旦拥有了新的藏品,他就会感到失落,认为自己的收藏中还欠缺其他的物件。一套收藏,从定义上来说,就是永不完整的。收藏家的生命在一个又一个欲望之间流逝,他的人生必然是感伤的。让·克莱尔[注1]将"一位收藏家在其生前积累的物品……比作古代文化中围绕在已逝者身边的陪葬品":收藏家埋葬在物品中间,他把物品累积起来,筑起"一面无生气的、沉默的物品的墙",面对这些物品,他感受到了"孤独的苦涩"。梦想因此阻断了生活:通过累积,通过将我们投射于未来,我们丢掉了在自己唯一拥有的时间里生活的能力,我们丢掉了当下。当下不再是为此刻而活,它是过去的沉渍,也是等待的时间。而此刻变成一种工具,一种获取其自身之外事物的方式,满足感则常常被拖延至未来。与其使自己此刻觉得幸福,我们常说"当……时,我将是幸福的"。然而,幸福只能在当下把握,生活,就是全然享受现在,就是在我们生存的当下找到满足。生活意在接受生命的有限,而我

[注1] Jean Clair (1940 -),法国作家、美学家和艺术哲学家,法兰西学院院士。曾任巴黎毕加索博物馆馆长。

们不能用外在的条件衡量，也不能对已完结的规划怀揣不现实的期望。如果寄托于未来的梦想取代了当下，当下就不复存在，我们只能等待着当下过去，看着我们的手表，盼望时间尽快流逝。

在《驴皮记》中，巴尔扎克讲述了拉法埃尔·瓦朗坦的故事。这个绝望的年轻人准备好了自杀，但一位老古董商给了他一块驴皮，皮上的梵文写道：驴皮能够实现任何愿望，但每当愿望实现后，驴皮便会缩小，它的主人也将缩短寿命，直至死去。拉法埃尔的每一个梦想都即刻得到了实现，但是他的梦想越多，留给他的生命就越少。

为买到新手机，保罗在这几个月省下了所有的零花钱。而在他拿到新手机数星期后，一款性能更加强大的新机型被搬上了货架……

我，我喜欢那些爱情电影，在那里，所有人相拥，而结局永远美好。

——碧雅，电影《新天堂星探》

"西班牙的城堡"

夏洛特对阿丽亚娜幻想着假日生活："我想去世界的尽头……住在白色大房子里……穿着像《乱世佳人》中斯嘉丽的那种克里诺林裙衬……戴着像《泰坦尼克号》中'海洋之心'那样的首饰！"——"你不觉得最好应该实际些吗？我们不是要去十九世纪！"

那些让我们幻想成为主人公的美好故事、那些让人做梦的图景、那些我们想要生活其中的美好世界、那些我们口中"太过美好以至于不真实"的事物……都是我们建造的**"西班牙城堡"**——那些不存在的城堡：据称，在"收复失地运动"之前，为不让摩尔人的军队在入侵行动中有地方占领和驻扎，西班牙人没有在领土上建造任何城堡。在阿丽亚娜看来，夏洛特最好脚踏实地一些，更明智的方式是规划实际一些的假期。做那些不切实际的梦是荒谬的，因为我们永远不能实现这样的梦。然而，夏洛特幻想时所感到的快乐，难道不是真实的吗？

夏洛特感到的快乐和我们观看场面豪华的好莱坞电影时所感到的快乐一样。我们被故事吸引，渴望知道后续的情节：我们看到的只有荧幕，然后成为进入角色的演员。如果用《乱世佳人》和《泰坦尼克号》这两部收获巨大成功的电影举例，看电影就是变为斯嘉丽，被所有人倾慕，不仅身着漂亮长裙，还有大批仆人；看电影就是变为杰克，在扑克游戏中赢得一次纽约之旅，吸引一位来自头等舱的女客。我们通过这些电影，体验了美好的爱情故事：克拉克·盖博拥抱费雯丽的镜头或是莱昂纳多·迪卡普里奥让凯特·温斯莱特翩翩起舞的镜头都存储在记忆之中。这种与角色的同化并非属于幻觉的范畴：我们在把自己当作电影主人公时，很清楚地知道这只是一种娱乐。

这些电影构建于那些已经消失了的世界中：《乱世佳人》描画了"被风卷走的文明"，这"只是我们记忆中的一个梦境"；而泰坦尼克号在它第一次航行的途中就沉没了。电影中的布景、装饰和道具都是精美的，这些对现场的模拟越是巨细靡遗,就越是能把我们牵引至想象当中:明知在做梦,我们还是梦想能够住在柱廊耸立的白色大房子里,能够在泰坦尼克号的甲板上散步,甚至是梦境不真实的一面也可以给我们带来幸福感。梦想着"西班牙的城堡",并不是想要搬进城堡中居住,只是想到这个念头,我们就能获得愉悦。

因这种愉悦建立在想象之上,所以就连那些悲惨的故事也会让我们做梦:有时梦中的城堡会被摧毁,就像在希区柯克根据达夫妮·杜穆里埃[注1]的小说《蝴蝶梦》改编的电影中,那座宏伟的曼德利庄园在最后的情节中被大火焚毁。那些每个人都互相拥吻且结局美好的爱情故事能够让我们感到愉悦:梦幻替代了现实,让人忘记后者,而与那些美好的图像融为一体。但是,那些结局并不美好的爱情故事同样让我们感到愉悦:斯嘉丽意识到自己并不爱卫希礼时已经太晚了,她爱着白瑞德,她明白自己已经浪费了获得幸福的机会;而露丝亲眼看着杰克死去。在这当中,无法设想任何一种美好结局:我们知道斯嘉丽不能够重新挽回白瑞德,露丝也不能够救活杰克。在现实生活中,我们把幸福的事与不幸的事彼此对立。而在想象中,喜剧和悲剧却可以带来

[注1] Daphne du Maurier(1907-1989),英国小说家、剧作家。其作品有《蝴蝶梦》《牙买加客栈》等。

同样的幸福：这是一种能够任由自己被梦境牵引，能够避免体验不幸结局，只看到感情得以展现的幸福。

在写给伊丽莎白公主的信件（收录于作品《论灵魂的激情》）中，笛卡尔分析了观众在戏剧中感受到的愉悦：悲剧让我们自身产生的愉悦如同它让我们产生的痛苦一样多。我们的灵魂"满足于自身被情感触动，无论它们出自何种性质，只要灵魂能够持续是情感的主人"。我们喜欢在剧院或电影院中哭泣，因为我们主宰着自己的痛苦：我们**调动**着情感，感同身受着被展现出来的情绪，这种置身事外能够带来巨大的愉悦。电影让我们做梦，因为它既是现实的也是虚幻的：我们被故事吸引——大厅是阴暗的，我们只想着电影，为主人公感到担忧；而同时我们知道这不过是个故事——我们端坐着，自己的生命并没有和主人公一样处于危险当中。笛卡尔写道，我们使自己置身于上演的戏剧中，见证着自身情绪的波动，感受到愉悦，因为我们一方面是**感动**的，另一方面又是**无动于衷**的。外部的紧张——被展现出来的情绪，我们同化于其中的那些情感——和我们内在平静之间的对比越是强烈，这种愉悦越是巨大。

想象因此产生了具有现实意义的**解脱**（libération）。与笛卡尔书信往来的伊丽莎白公主因为悲伤病倒：她的父亲当选为波西米亚的国王，却被奥地利军队追杀，他们一家到荷兰海牙避难；她的舅舅，英国的查理一世，正在同克伦威尔的军队作战；她的一个兄弟杀死了她姐姐的情人。当我们遭遇如此颠覆的命运时，如何保持智慧和平静呢？笛卡尔向公主解释道，伟大的灵魂能够像观演戏剧一般看待自己的生活。这类灵魂明白自身对一些事件只能是束手无策，当它做完了**能力范围内**的一切，就不再会感到不安，反而会平静下来。灵魂看待这些"最令人恼火和不可接受的"事情发生在自己身上，就如同"看待搬上舞台的那些悲惨可叹的故事"一般，无论这些演出的情节如何，灵魂都能感受到幸福和平静。

如果说在戏剧或电影中区分现实与想象是容易的，了解到"西班牙的城堡"只不过是空中楼阁也相当容易，那想要在生活中进行区分却不再那么简单。我们不再能够**自我同化**：我们梦到疯癫的渴望，不真实的场景。那些为我们造梦的事物有着巨大的**欺瞒性**。在《新天堂星探》中，朱塞佩·托纳多雷[注1]讲述了乔·莫瑞利的故事，这是个驾驶着载满电影拍摄工具的卡车，穿越西西里的天才骗子。他扮作一位在意大利和美洲寻找目标的星探——电影的意大利名为"L'Uomo delle stelle"，字面意思就是"造星的人"。乔声称要挖掘

【注1】Giuseppe Tornatore（1956-），意大利电影导演，奥斯卡最佳外语片奖获奖者，其作品有《天堂电影院》《海上钢琴师》《西西里岛的美丽传说》等。

电影新星，将他们打造成几年后便会在电影荧幕上亮相的红人。他向众人展示美好的星途，非凡的成就，还有每年一亿里拉的酬劳：这是一个真正的奇迹，一个可能改变自己命运的、不容错过的机会。他建议村民们参与录制一条由他本人亲自剪辑并寄往罗马电影城（意大利"好莱坞"）的试镜，让整个村子都产生了幻想。他偶尔承诺向导演做推荐，但完全不保证结果：他不愿给予别人虚假的希望，毕竟，电影圈是残酷的。

托纳多雷交替拍摄了莫瑞利的摄影机、收音器、打光灯、他展示给别人的明星照片，还有那些赤贫村庄的镜头：打补丁的衣衫，使人乏力的劳作，在身上捉虱子的女人们。村民们纷纷打碎了自己的存钱罐，疯狂地凑齐莫瑞利要求的一千五百里拉：他们梦想着那好得出奇的职业，梦想着这能将自己从痛苦的生活中拯救出来。莫瑞利利用他激发的幻想让这些客户上当受骗，并且因此成功赚钱营生：他使用一卷不能再用的老胶片进行拍摄，根本没法显影，而试镜也永远不会寄到罗马电影城。

总之，莫瑞利让那些村民梦到了"西班牙的城堡"，给他们带来徒劳的期盼。这些西西里人最好变得现实一点，最好清楚自己没有任何机会能够成为演员，他们应当守好自己的钱财，将其用于所需。但是事情本身更为复杂：托纳多雷并不只是讲述了一个天才骗子的故事，在电影中，我们看到了想象作用于现实之后产生的结果。那些想要试镜的西西里人需要练习《乱世佳人》中的一幕场景。男人们扮演白瑞德，为了参加战争，在离塔拉庄园不远处丢下斯嘉丽时与她挥手告别，他要求她拥抱自己，让他这样一名要去牺牲的士兵还能留下一个美好的记忆。而女人们则须表演电影的最后一幕：刚刚被白瑞德抛弃的斯嘉丽决定重回塔拉庄园，想着自己能够重新挽回爱人，并自言自语道："毕竟，明天又是新的一天。"影片中的男人们和女人们重复这个片段。男人的台词印在蓝色纸张上，女人的台词印在玫瑰色纸张上。

然而，背诵这段文字，并在摄影机前讲出来时，这些演员对台词进行了重新改造，他们仿佛必须用自己的语言将其念出来，甚至表现得就像这是他们自己的人生似的。一个年轻的男孩说："我去参军了，斯嘉丽，非得那么冷漠地相拥吗？"一个年长者说："废话够多了，斯嘉丽！"一位抹了发膏的男人扮作唐·璜的样子："不论如何，你都会是我的，不要再抗拒我，我知道如何挑逗女人，相信我，没其他人能做到这一点。"一个女人改编了剧本的结尾："不管如何，每一天都是另一个星期天。"另一个女人则借这段情节讲述自己的人生，她哭着大喊道："不论如何，明天，明天，明天我会自杀，我会滚远，去他妈的女服务员，我将会成为演员。他弃我而去了，就像白瑞德抛弃了斯嘉丽那样！他乘车去了北方，我在家里又能说些什么呢。"通过一个想象中的场景，西西里人表达了自己的情绪，敢于说出自己的恐惧或者渴望。

这种不能在现实中实现，而只能在想象中得到的对于渴望的满足，被弗洛伊德称作"**升华**"（sublimation）。在《超越快乐原则》中，他通过研究一名十八个月大的孩子最喜欢的游戏来分析它的作用。躺在床上的时候，孩子把绑在床边的缠线卷筒扔向远处，直到再也看不到它，并同时发出"fort"的声音，即德语里的"远"，然后快速地把它拉回床上，同时喊道"da"，也就是"回来了"。弗洛伊德把这个游戏解释为婴儿对于现实场景的模拟：孩子非常依赖自己的母亲，但她白天会固定出门，而孩子也能够忍耐她的不在场，不流一滴眼泪。这个游戏升华了母亲的离开：卷筒在游戏中代表着母亲，但与现实中所发生的实际情况相反的是，孩子虽然不能掌控母亲的行动，却能掌控卷筒的缺席和回归。通过**想象**成为对现实中无法改变的遭遇的操控者，孩子能够忍受他需要经历的生活：他不再哭泣，不再如同小暴君一般举动，也不再做出任性的行为。

想象为真实提供了出口：它允许欲望的**间接性满足**。欲望是朝向满足的一种**趋势**，它以一种能量、一种力量为特征。禁止欲望或阻止其得到满足，并不能消除它：欲望的能量将继续全然存在，并且持续发挥作用。一个想要母亲待在身边的孩子，在她缺席的时候，会感到一种挫败，继而哭泣，变得暴力。并且他会抓住一切机会，通过做出任性的举动来转移自己的愤怒，压抑以另一种形式重新出现的欲望。藉由想象力，升华使欲望得到表达和满足。它释放了孩子所掌控的这种与生俱来的能量，而没有将它转变成痛苦、愤怒或是怨恨的形式，并重新投射在孩子身上。

游戏不仅仅是虚幻的：孩子从中满足了真实的情感，而这给他的行为和性格带来影响。通过幻想自己是所遭遇事件的主宰者，能够帮助孩子继续生活并且完成转化。在《新天堂星探》的最后，莫瑞利在一辆车里遇到了曾经的客户维托尔索。他是理发师，也是同性恋者，维托尔索将自己艰难的人生展示在镜头前：因剪发的手艺备受欣赏，但又因为自己的生活习惯饱受讥讽，在马路上被吹嘘声，认为自己令他人感到厌恶。维托尔索并不抱怨自己曾被欺骗，他反而感谢莫瑞利。因为他，维托尔索意识到在远离西西里的地方，还存在另一个世界，在那里，人们能够理解像他这样的人。维托尔索有了离开村庄的勇气，他去了米兰，决定改变自己的生活。

如果我们认为"西班牙的城堡"真实存在着，如果我们不顾一切地寻找它，那么对它的渴望将永远束缚我们。但是想象它的存在不会阻碍我们生活，相反，能够帮助我们忍受，甚至是解决一些困难。"西班牙的城堡"带给我们一种巨大的幸福，带给我们游戏般的、想象的幸福，也能够让我们在自己身上感受到一种与生俱来的能量。梦的世界编织了我们的生活，也充盈了我们的生活：它不仅让我们对现实张开了双眼，也帮助我们掌控现实，将现实转化。

参考资料

哲学著作：
爱比克泰德，《语录》
巴鲁赫·斯宾诺莎，《伦理学》《政治论》《神学政治论》
布莱士·帕斯卡尔，《思想录》
大卫·休谟，《自然宗教对话录》
德尼·狄德罗，《致索菲·福兰德的信》《对自然的解释》《达朗贝尔之梦》
弗朗西斯·培根，《新工具》
弗里德里希·尼采，《论道德的谱系》《瞧，这个人》
伏尔泰，《哲学辞典》
戈特弗里德·威廉·莱布尼茨，《人类理智新论》
汉娜·阿伦特，《极权主义的起源》
赫伯特·马尔库塞，《单向度的人》
克莱芒·罗塞，《夜路》
勒内·笛卡尔，《致伊丽莎白公主的信件》《第一哲学沉思集》《论灵魂的激情》
罗杰·达东，《梦的空间》
马可·奥勒留，《沉思录》
莫里斯·梅洛-庞蒂，《知觉现象学》
皮埃尔·贝尔，《关于彗星问题的思考》
让·克莱尔，《忧虑》
让-雅克·卢梭，《一个孤独漫步者的遐想》
塞克斯都·恩披里柯，《皮浪学说要旨》
塞内加，《论生命之短暂》
托马斯·霍布斯，《利维坦》
托马斯·莫尔，《乌托邦》

西格蒙德·弗洛伊德,《超越快乐原则》《梦的解析》
《日常生活的心理分析》
雅克·朗西埃,《电影寓言》
亚里士多德,《政治学》

散文及文学作品:
J. K. 罗琳,《哈利·波特》系列
奥尔德斯·赫胥黎,《美丽新世界》
奥诺雷·德·巴尔扎克,《驴皮记》
达夫妮·杜穆里埃,《蝴蝶梦》
弗吉尼亚·伍尔芙,《墙上的斑点》
荷马,《奥德赛》
贺拉斯,《讽刺集》
亨利·米肖,《沉睡模式,清醒模式》
亨利·詹姆斯,《螺丝在拧紧》
胡利奥·科塔萨尔,《夜,仰面朝天》
居伊·德·莫泊桑,《奥尔拉》《恐惧》
雷·布拉德伯里,《华氏451》《祖父时间:德温·迪·奥赖瑞对雷·布拉德伯里的采访》
罗沙蒙德·莱曼,《邀舞华尔兹》
马丁·路德·金,《我有一个梦想》
马塞尔·普鲁斯特,《阅读的日子》《拼贴与混合》
佩德罗·卡尔德隆,《人生如梦》
乔纳森·斯威夫特,《一个小小的建议》
乔治·奥威尔,《一九八四》

乔治·佩雷克,《人生拼图版》
让·拉辛,《阿达莉》
筒井康隆,《梦的检阅官》
威廉·莎士比亚,《裘力斯·恺撒》《麦克白》
威廉姆·萨克雷,《名利场》
夏洛蒂·贝拉特,《第三帝国下的梦》

电影作品：
阿尔弗雷德·希区柯克,《蝴蝶梦》
保罗和克里斯·韦兹,《单亲插班生》
弗洛里安·亨克尔·冯·多纳斯马尔克,《窃听风暴》
克里斯·哥伦布,《小鬼当家》
理查德·柯蒂斯,《真爱至上》
罗曼·波兰斯基,《冷血惊魂》
维克多·弗莱明,《乱世佳人》
雅克·欧迪亚,《自制英雄》
扬·阿尔蒂斯 - 贝特朗,《家园》
詹姆斯·卡梅隆,《泰坦尼克号》
朱塞佩·托纳多雷,《新天堂星探》

其他：
《圣经》
让 - 雅克·桑贝,《圣特罗佩》

Original title: RÊVER by Barbara de Negroni
© Editions Rue de l' Echiquier, 2011
Simplified Chinese edition 2018 is published by DUKU Cultural Exchange Ltd. (Beijing) and arranged through Dakai Agency Limited.
All rights reserved.

著作版权合同登记号：01-2018-6113

图书在版编目(CIP)数据

梦 / (法) 芭芭拉·德·内格罗尼著；张蠡墨译. -- 北京：新星出版社, 2018.11
ISBN 978-7-5133-3195-1

Ⅰ. ①梦… Ⅱ. ①芭… ②张… Ⅲ. ①梦 - 精神分析 Ⅳ. ①B845.1
中国版本图书馆CIP数据核字(2018)第217546号

梦

[法] 芭芭拉·德·内格罗尼 著 张蠡墨 译

策划编辑：张立宪
责任编辑：汪 欣
责任印制：韦 舰

出版发行：新星出版社
出 版 人：马汝军
社　　址：北京市西城区车公庄大街丙3号楼　100044
网　　址：www.newstarpress.com
电　　话：010-88310888
传　　真：010-65270449
法律顾问：北京市岳成律师事务所
经销电话：010-57268861
官方网站：www.duku.cn
邮购地址：北京市海淀区万寿路邮局67号信箱　100036
印　　刷：广州市番禺艺彩印刷联合有限公司
开　　本：787mm×1092mm　1/32
印　　张：4.5
字　　数：80千字
版　　次：2018年11月第一版　2018年11月第一次印刷
书　　号：ISBN 978-7-5133-3195-1
定　　价：28.00元

版权专有，侵权必究；如有质量问题，请与读库联系调换。客服邮箱：315@duku.cn